海南省气象计量手册

崔学林　梁宝龙　余　海　黄秋如
程洪涛　匡昌武　张廷龙
编著

U0370282

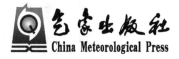

气象出版社
China Meteorological Press

内 容 简 介

本书是一本专门为海南省气象计量业务人员编写的参考书，系统介绍了省级计量标准考核基础知识和流程、海南省级气象计量标准的重要组成和计量标准相关的关键技术问题，以及气象观测用的温度、湿度、气压等八类地面观测仪器的工作原理、技术指标和仪器端故障诊断，重点描述温度、湿度、气压、风向风速、雨量、蒸发、能见度和降水现象仪计量测试方法，最后介绍了计量比对相关知识。

本书可供从事气象计量和气象装备保障的气象、水文、航空和海洋领域的工作者参考。

图书在版编目（CIP）数据

海南省气象计量手册 / 崔学林等编著. -- 北京 : 气象出版社, 2022.5
ISBN 978-7-5029-7689-7

Ⅰ. ①海… Ⅱ. ①崔… Ⅲ. ①地面观测－气象观测－计量－海南－手册 Ⅳ. ①P412.1-62

中国版本图书馆CIP数据核字(2022)第061343号

海南省气象计量手册

Hainan Sheng Qixiang Jiliang Shouce

出版发行：气象出版社
地　　址：北京市海淀区中关村南大街 46 号　　**邮政编码**：100081
电　　话：010-68407112(总编室)　010-68408042(发行部)
网　　址：http://www.qxcbs.com　　**E-mail**：qxcbs@cma.gov.cn
责任编辑：张　媛　　**终　　审**：吴晓鹏
责任校对：张硕杰　　**责任技编**：赵相宁
封面设计：艺点设计
印　　刷：北京建宏印刷有限公司
开　　本：787 mm×1092 mm　1/16　　**印　　张**：8
字　　数：204 千字
版　　次：2022 年 5 月第 1 版　　**印　　次**：2022 年 5 月第 1 次印刷
定　　价：60.00 元

本书如存在文字不清、漏印以及缺页、倒页、脱页等，请与本社发行部联系调换。

前　言

天气预报、气候分析、科学研究和各种气象服务所需的气象资料，都来自气象仪器的观测数据，而气象计量就为气象仪器观测数据的真实、准确和客观性提供了可靠的保证。

本书基于气象计量所需知识，介绍海南省的气象计量标准以及计量标准考核相关知识，对海南省各台站常用的地面八类气象仪器进行了梳理，分析地面气象仪器的工作原理和技术指标；结合计量检定规程，对温度、湿度、气压、风向风速、雨量、蒸发、能见度和降水现象仪的计量测试方法进行了详细的阐述，最后介绍了计量比对相关知识。

作者凭借多年积累的计量检定经验，整理出海南省气象计量密切相关的计量手册，普及计量检定专业知识，将海南省气象计量文化传承，为全省新入职和在职的计量检定人员提供业务指南，提高本省计量检定能力，方便全省自动站保障人员快速掌握设备工作原理，提高故障处理能力，保证气象观测数据准确可靠。

本书得到国家自然科学基金项目面上项目(41775011)、海南省自然科学基金创新研究团队项目(2017CXTD014)、海南省气象局面上项目(HNQXMS201506)、海南省气象局技术提升项目(HNQXJS201805)、海南省气象局技术提升项目(hnqxSJ202109)等资助。

本手册由 4 章组成。第 1 章介绍计量标准分类、考核和标准更换等基础知识，介绍海南省级气象计量标准的重要组成、技术指标、工作原理、量值溯源体系和不确定度评定等知识，总结与计量标准相关的关键技术问题。第 2 章介绍海南省气象观测用的温度、湿度、气压等各类地面观测仪器的工作原理、技术指标和仪器端故障诊断。第 3 章详细介绍温度、湿度、气压、风向风速、雨量、蒸发、能见度和降水现象仪的计量测试方法、设备使用操作，以及雨量和气压超差调整方法。第 4 章介绍计量比对相关知识、温度和气压计量比对案例，以及温度、气压实施方案和比对报告，为进行实验室计量比对提供了经验参考。

本手册由崔学林制定编写大纲、主笔编写并统稿。各章编写人员如下：第 1 章由崔学林、梁宝龙、余海、黄秋如和程洪涛执笔；第 2 章由程洪涛、匡昌武、梁宝龙、余海、崔学林和张廷龙执笔；第 3 章由崔学林、梁宝龙、余海、黄秋如、程洪涛、匡昌武和张廷龙执笔；第 4 章由崔学林、匡昌武和程洪涛执笔。

在编写过程中得到了海南省气象灾害防御技术中心和海南省气象科学研究所的大力支持，同时得到了海南省气象局和海南省南海气象防灾减灾重点实验室的关心和指导，海南省气象探测中心陆土金、李昭春和黄斌提供了有关资料和许多有益的建议。对此，一并表示衷心的感谢。

由于作者水平有限，书中难免有不当之处，敬请各位专家和读者批评指正。

作者

2021 年 10 月

目　　录

第 1 章　省级气象计量标准

本章介绍计量标准分类、考核和标准更换等基础知识，介绍海南省级气象计量标准的重要组成、技术指标、工作原理、量值溯源体系、不确定度评定等知识，总结计量标准相关的关键技术问题（重复性试验、稳定性考核和测量结果验证）。

1.1　计量标准基础知识

测量标准是指具有确定的量值和相关联的测量不确定度，实现给定量定义的参照对象。测量标准按其用途分为计量基准和计量标准。根据量值传递的需要，我国将测量标准分为计量基准、计量标准和标准物质。计量基准分为基准和副基准，是本国统一量值的最高依据，计量标准分为最高计量标准和次级计量标准，标准物质分为一级标准物质和二级标准物质（图 1.1）。

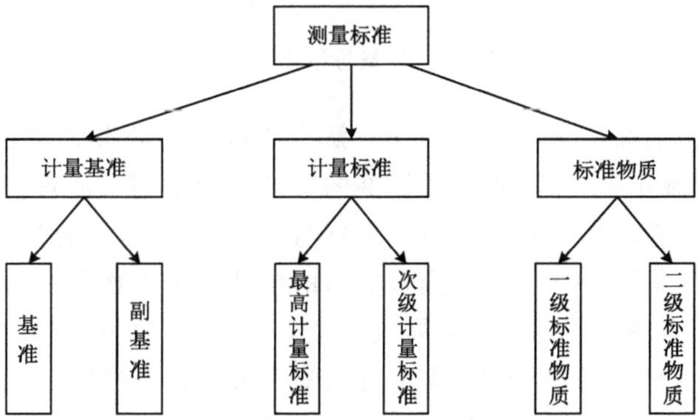

图 1.1　测量标准分类

计量标准是准确度低于计量基准、用于检定或校准其他计量标准或者工作计量器具的测量标准。计量标准按其法律地位、使用和管辖范围的不同分为社会公用计量标准、部门计量标准和企事业单位计量标准。计量标准是将计量基准的量值传递到国民经济和社会生活各个领域的纽带，在我国量值传递和量值溯源中起着承上启下的作用，是实现全国计量单位制的统一和量值准确可靠的重要保障。

为保障国家计量单位制的统一和量值传递的一致性、准确性，国家对计量标准实行考核制度。计量标准考核是指国家市场监督管理总局及地方各级质量技术监督部门（简称质量技术监督部门）对计量标准测量能力的评定和开展量值传递资格的确认。

计量标准考核是行政许可项目，行政许可项目名称是“计量标准器具核准”。计量标准考核流程(图 1.2)包括提交申请(图 1.3)、受理(图 1.4)、组织与实施(图 1.5)、考评和审批(图 1.6)5 个部分。

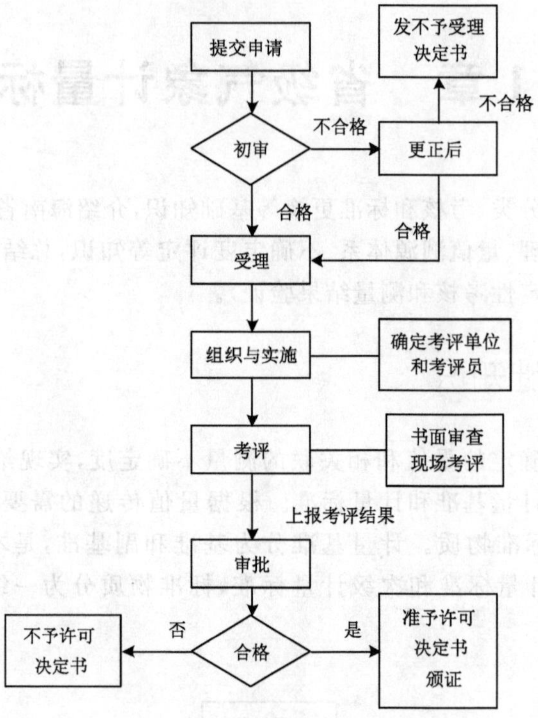

图 1.2　计量标准考核流程

计量标准考评分为书面审查和现场考评。新建计量标准的考评首先进行书面审查,如果基本符合条件,再进行现场考评;复查计量标准的考评一般采用书面审查方式来判断计量标准的测量能力。计量标准考评内容包括计量标准器与配套设备、计量标准的主要计量特性、环境条件与设施、人员、文件集以及计量标准测量能力的确认 6 个方面共 30 项要求。

《计量标准考核证书》有效期为 5 年,届满 6 个月前,持证单位应当向主持考核的计量行政部门申请复查考核。经复查考核合格,准予延长有效期,不合格发《计量标准考核结果通知书》。超过有效期的,应当按照新建计量标准重新申请考核。

处于《计量标准考核证书》有效期内的计量标准,发生计量标准器或主要设备的更换,若计量标准的测量范围、不确定度或准确度等级或最大允许误差以及开展的检定或校准项目均无变化,应填写《计量标准更换申请表》(图 1.7),并提供更换后设备的有效检定或校准证书和《计量标准考核证书》复印件,报主持考核的人民政府计量行政部门备案。

海南省政务服务网是一体化在线政务服务平台,支持计量器具核准(新建)、计量标准器具核准复查换证、计量标准变更等线上办理,办事指南详细说明了需要提交的电子材料清单和模板,大大节省了时间和精力。

质量技术监督
接收行政许可材料清单

登记编号：

××单位：

你(单位)申请的计量标准器具核准(复查)行政许可事项，经清点，申请材料清单如下：

①《计量标准考核(复查)申请书》2 份；□

②计量标准技术报告；□

③计量标准考核证书有效期内计量标准器及配套的主要计量设备的有效检定或者校准证书；□

④计量标准具有相应测量能力的其他技术资料和证明文件；□

⑤计量检定或校准人员的能力证明复印件；□

⑥计量标准考核证书原件；□

⑦所有材料电子版。□

收件人：(印章)　　联系电话：

日期：

申请人：　　联系电话：

图 1.3　提交申请材料

质量技术监督
行政许可申请受理决定书

(　　)质计受字〔年份〕第　　号

××单位：

你单位提出××计量标准装置等3项标准考核(复查)申请和所提供(出示)的材料，符合该项目申请条件。根据《行政许可法》第三十二条第一款第五项和《计量标准考核办法》的有关规定，决定予以受理，并列入20××年×月计量标准考核计划，考评工作委托专业评审组承担，考评号由省质量技术监督局许可审查部确定。

日期：

申请人地址：　　联系电话：

承诺办结时限：在接到考评材料的20个工作内作出许可决定。

经办人：　　联系电话：

图1.4　受理决定书

计量标准考核通知书

(国)计量考字〔年份〕第××号

××单位：

你单位申请××计量标准装置等 3 个项目的计量标准考核(复查)，经审查，符合《中华人民共和国行政许可法》第三十二条第一款第五项和计量标准考核的有关规定，决定予以受理，并列入20××年×月计量标准考核计划。计量标准的考评工作委托×××单位执行，考核计划编号20××复××。

请你单位及时与考评单位联系，并做好计量标准考核前的准备工作。

考核委员会秘书处联系电话：

考评单位联系电话：

受理考评项目清单：

序号	计划号	计量标准名称	申请考核单位名称	承担考评单位名称

日期：(印章)

图 1.5　计量标准考核通知书

市场监督管理

准予行政许可决定书

(　)质计准字〔年份〕号

申请人：

(境内申请人所属法人)身份证号或者统一社会信用代码/营业执照编号：

住址/住所或商业登记地址：

(企业或者其他组织)法定代表人：

申请人于20××年××月××日向本局提出计量器具(核准)复查行政许可申请。本局于20××年××月××日受理。经审查，符合法定条件、标准，依照《中华人民共和国行政许可法》第三十二条第一款和《计量标准考核办法》的有关规定，决定准予申请人计量器具核准行政许可(核发计量标准考核证书)。行政许可有效期至20××年××月××日。

(行政机关印章)

日期：

本文书一式两份，一份送达申请人，一分质检部门存档。

图 1.6　准予行政许可决定书

计量标准更换申报表

计量标准名称		代码	
测量范围			
不确定度或准确度等级或最大允许误差			
计量标准考核证书号		计量标准考核证书有效期	

计量标准器及主要配套设备更换登记

	名称	型号	测量范围	不确定度或准确度等级或最大允许误差	制造厂及出厂编号	检定或校准机构及证书号
更换前						
更换后						

更换的情况：

☐计量标准器更新　☐计量标准器增加　☐计量标准器减少

☐主要配套计量设备更新　☐主要配套计量设备增加　☐主要配套计量设备减少

☐其他

更换的原因：

☐计量检定规程或计量技术规范变更　☐原计量标准器或主要配套设备出现问题

☐工作量发生变化　☐其他

更换后测量范围、不确定度或准确度等级或最大允许误差以及开展检定或校准项目的变化情况：

☐发生变化　☐未发生变化

建标单位意见：

负责人签字：　（公章）

年　月　日

主持考核的人民政府计量行政部门意见：

（公章）

年　月　日

注：1. 计量标准发生更换时，建标单位应当填写《计量标准更换申报表》一式两份，报主持考核的人民政府计量行政部门，并应当附上更换后计量标准器及主要配套设备有效的检定或校准证书和《计量标准考核证书》复印件各一份。

2.《计量标准更换申报表》采用计算机打印。

图 1.7　计量标准更换申请表

1.2 省级气象计量标准组成

海南通过考核的气象计量标准有 7 项，用于温度、湿度、气压、风速、雨量、酸度和电导率的检定。标准代码和名称见表 1.1。

表 1.1 气象计量标准代码和名称

标准代码	计量标准名称
4113803	二等铂电阻温度计标准装置
4651450	湿度传感器检定装置
55910100	数字气压传感器检定装置
55112100	风速传感器检定装置
55111800	雨量器(计)检定装置
46513107	pH(酸度计)检定装置
46513700	电导率仪检定装置

1.2.1 二等铂电阻温度计标准装置

二等铂电阻温度计标准装置(图 1.8)由数字测温仪、六位半数字万用表和制冷恒温槽设备组成(表 1.2)。

图 1.8 二等铂电阻温度计标准装置

工作原理是由恒温槽产生一个稳定均匀的温度场，万用表采集被检仪器的电阻值，在同一工作介质中比较标准器和被检仪器的测量值来确定被校器具是否符合规程要求。本标准可以检定自动气象站温度传感器。

表 1.2　二等铂电阻温度计标准装置组成及技术指标

名称	型号	测量范围	不确定度 或准确度等级 或最大允许误差(maximum permissible error,MPE)
数字测温仪	RCY-1A	−30～80 ℃	0.03 ℃(k=2)
六位半数字万用表	34401A	0～1000 Ω	MPE:100 Ω 时,±0.014 Ω; 1 kΩ 时,±0.00011 kΩ
制冷恒温槽	WLR-2D	左槽:−60～95 ℃; 右槽:5～95 ℃	波动度:±0.01 ℃/30min; 均匀度:0.005～0.010 ℃

1.2.2　湿度传感器检定装置

湿度传感器检定装置(图 1.9)由精密露点仪、六位半数字万用表和湿度发生器组成(表 1.3)。

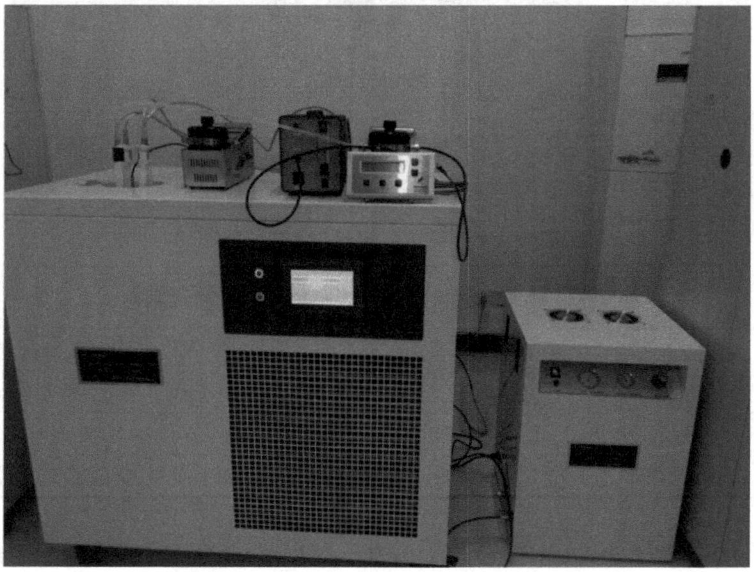

图 1.9　湿度传感器检定装置

表 1.3　湿度传感器检定装置组成及技术指标

名称	型号	测量范围	不确定度或准确度等级 或最大允许误差(MPE)
精密露点仪	DEWCS1	10%～100%	MPE:±1%
六位半数字万用表	34401A	DCV:0～1 V	MPE:±0.000047 V
湿度发生器	L-PRH2	20%～100%	湿度均匀度:≤1.5%

工作原理是湿度发生器内有干燥气源和湿气饱和气源，通过调节这两股气流的混合比，产生确定的稳定湿度场，万用表采集被检仪器电压值，通过比较湿度标准器和被检计量器具的示值来确定被检器具是否符合规程要求。本装置可以检定自动气象站湿度传感器。

1.2.3 数字气压传感器检定装置

数字气压传感器检定装置（图 1.10）由数字气压计和压力校准仪组成（表 1.4）。

图 1.10 数字气压传感器检定装置

表 1.4 数字气压传感器检定装置组成及技术指标

名称	型号	测量范围	不确定度或准确度等级或最大允许误差（MPE）
数字气压计	745－16B	500～1100 hPa	MPE：±0.1 hPa
压力校准仪	CPC6000	500～1100 hPa	MPE：±0.01%FS hPa（全量程的 0.01%）

工作原理是数字气压计、气压传感器和压力校准仪通过连接管组成封闭气路，压力校准仪产生恒定的压力源，通过比较数字气压计和被测气压传感器来确定被检传感器是否符合规程要求。本装置可以检定自动气象站气压传感器。

1.2.4 风速传感器检定装置

风速传感器检定装置（图 1.11）由皮托静压管和数字微压计组成（表 1.5）。

工作原理是通过控制风洞中的风机产生一定的空气流速，在气流稳定的风洞试验段，用皮托管和数字微压计测量流体动压力，计算出实际风速值，风速传感器测量值通过采集器得出，通过比较实际风速值和被检计量器具测量值来确定被检器具是否符合规程要求。本装置可以检定自动气象站风速传感器。

图 1.11　风速传感器检定装置

表 1.5　风速传感器检定装置组成及技术指标

名称	型号	测量范围	不确定度或准确度等级或最大允许误差(MPE)
皮托静压管	Φ6×L300	2～30 m/s	二等
数字微压计	CPG2500	0～4 kPa	0.01 级
回路低速风洞	HDF－500	2～30 m/s	均匀性：≤1.0%； 稳定性：≤±0.5%； 气流偏角：≤1°

1.2.5　雨量器(计)检定装置

雨量器(计)检定装置(图 1.12)由加液器、雨量检测系统和游标卡尺组成(表 1.6)。

工作原理是加液器实质是一个 50 mL 的标准容器，加液器定量输出的流量和流速由计算机设置和控制，通过控制流量对雨量器(计)注入定量容积的水，根据雨量器(计)承水口面积计算雨量高度，该高度与被检雨量器(计)测量值比较来确定被检器具是否符合规程要求。本装置可以检定自动气象站雨量传感器。

图 1.12　雨量器(计)检定装置

表 1.6　雨量器(计)检定装置组成及技术指标

名称	型号	测量范围	不确定度或准确度等级或最大允许误差
加液器	765	0～50 mL,可连续测量至 1000 mL	±0.1%(50 mL)
雨量检测系统	JJS3	/	/
游标卡尺	/	0～300 mm	分度值:0.02 mm

1.2.6　pH(酸度计)检定装置

pH(酸度计)检定装置(图 1.13)由酸度计检定仪、邻苯二甲酸氢钾、混合磷酸盐、硼砂标准物质、制冷恒温槽和数字测温仪组成(表 1.7)。

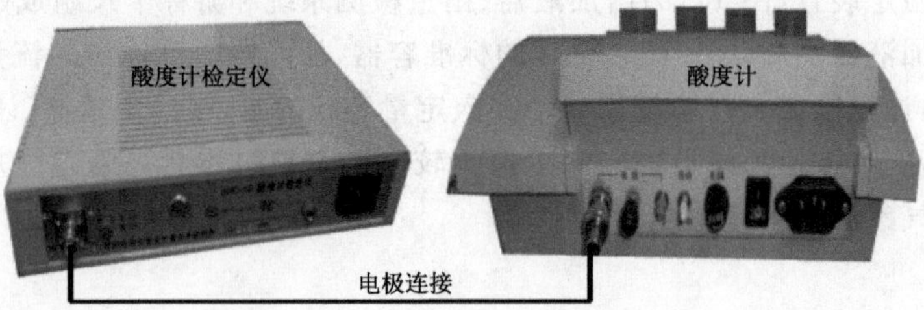

图 1.13　pH(酸度计)检定装置

表 1.7　pH(酸度计)检定装置组成及技术指标

名称	型号	测量范围	不确定度或准确度等级或最大允许误差
酸度计检定仪	pHC-1D	pH:0.00～14.00; 电压:－2000～2000 mV	0.0006 级
pH 标准物质:邻苯二甲酸氢钾、混合磷酸盐和硼砂	国家二级标物	pH:4.00～9.00	扩展不确定度 U=0.03 pH(k=2)
制冷恒温槽	WLR-2D	－10～70 ℃	温度波动度:0.02/10 min; 均匀度:0.02 ℃
数字测温仪	RCY-1A	－30～80 ℃	不确定度: 0.03 ℃(k=2)

工作原理是采用比较测量法。酸度计的检定分电计和配套性检定两部分。电计检定是使用酸度计检定仪向酸度计提供标准信号,根据电势与 pH 的转换关系,把输入电计的标准信号转为 pH,与标准值相比,即得电计误差。配套性检定是用酸度计测量标准溶液,测得值与标准溶液实际值之差,得到配套示值误差。

1.2.7　电导率仪检定装置

电导率仪检定装置(图 1.14)由检定电导率仪专用交流电阻箱、氯化钾电导率溶液标准物质、制冷恒温槽和数字测温仪组成(表 1.8)。

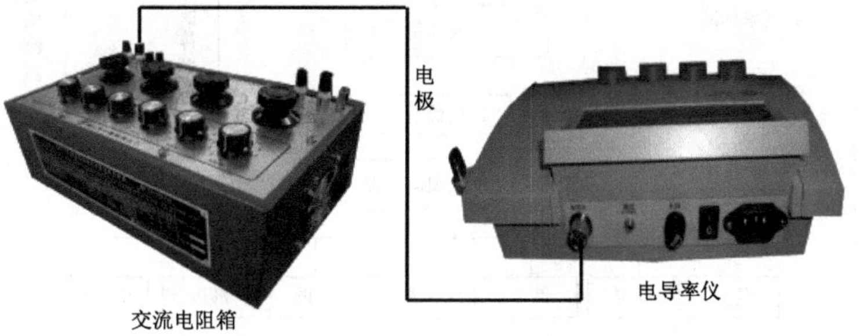

图 1.14　电导率仪检定装置

表 1.8　电导率仪检定装置组成及技术指标

名称	型号	测量范围	不确定度或准确度等级或最大允许误差
检定电导率仪专用交流电阻箱	ZX123B	0～2×10^7 Ω	0.05 级
氯化钾电导率溶液标准物质	国家二级标物	146.5～1408.0 μS/cm	相对扩展不确定度 U_{rel}=0.25%(k=2)
制冷恒温槽	WLR-2D	－10～70 ℃	温度波动度:0.02/10 min; 均匀度:0.02 ℃
数字测温仪	RCY-1A	－30～80 ℃	不确定度 U: 0.03 ℃(k=2)

工作原理是采用比较测量法。电导率仪的检定分电子单元和配套检定两部分。电子单元检定是用标准交流电阻箱输出标准电阻值来计算电导率仪示值误差。配套检定原理是基于电导率、电导和电导池常数的关系，在电导池的电极间施加稳定的交流信号，测量溶液的电导，根据输入的电导池常数计算电导率。

1.3　量值溯源体系

向下传递，向上溯源。量值传递和量值溯源是同一过程的两种不同的表达。量值传递指通过对测量仪器的校准或检定，将国家测量标准所实现的单位量值通过各等级的测量标准传递到工作测量仪器的活动，是自上而下逐级传递的过程。量值溯源指通过一条具有规定不确定度的不间断的比较链，使测量结果或测量标准的值能够与规定的参考标准(通常是国家计量基准或国际计量基准)联系起来的特性，是自下而上的过程。

量值传递是强调从国家建立的基准或最高标准向下传递；量值溯源是强调从下至上寻求更高的测量标准，追溯求源直至国家或国际基准，是量值传递逆过程(图 1.15)。

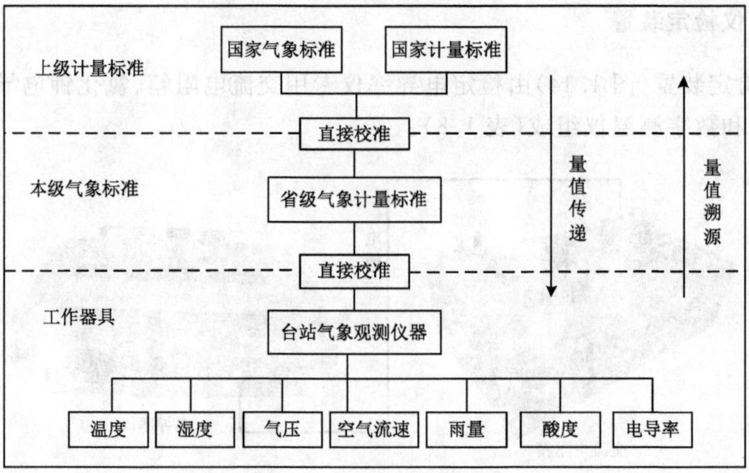

图 1.15　气象量值传递与溯源

为使量值合理有效传递，确保量值统一，在我国量值传递和量值溯源的关系用国家溯源等级图(图 1.16)来表示。国家溯源等级图是由国务院计量行政部门组织制定的全国性的技术法规，概括了我国量值传递技术全貌。我国每一项国家计量基准对应一种等级图，国家溯源等级图基本上按各类计量器具分别制定，它以文字加框图构成。

国家溯源等级图内容包括：

①测量设备或基准、标准的名称。

②测量范围。

③准确度等级、测量不确定度或最大允许误差。

④比较方法或手段。

参考国家溯源等级图编制本省的溯源等级图，是具有溯源到上一级和量传到下一级计量器具的框图。

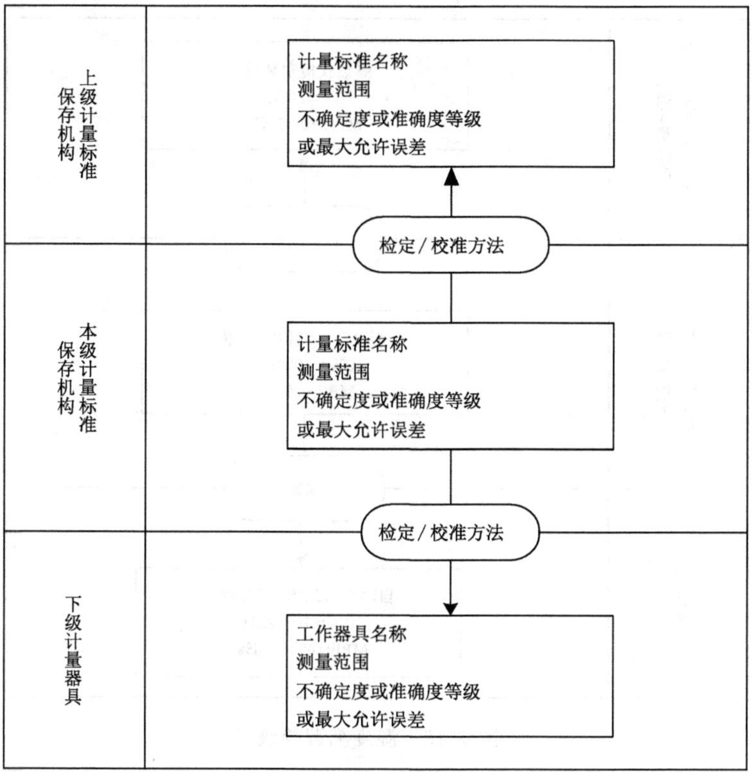

图 1.16　溯源等级

7 个气象计量标准的溯源等级如图 1.17～1.23 所示。

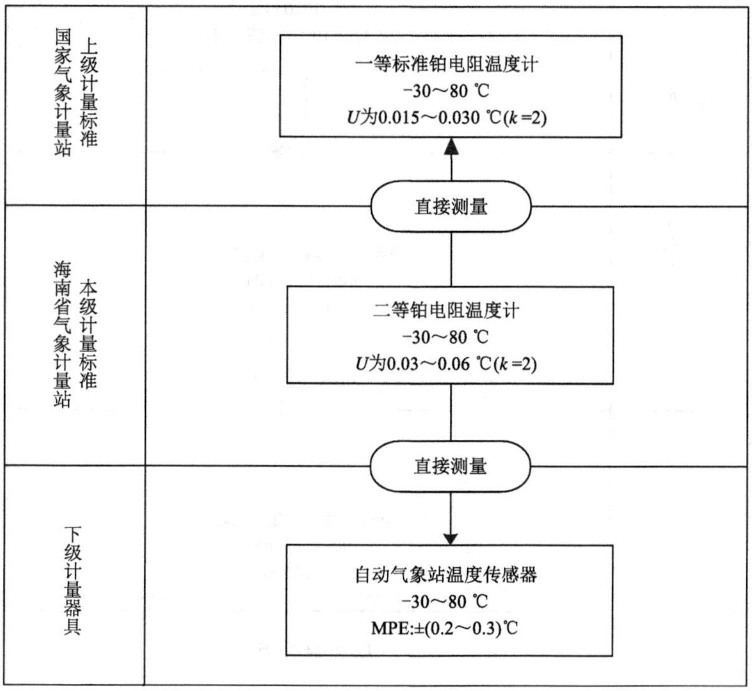

图 1.17　温度溯源等级

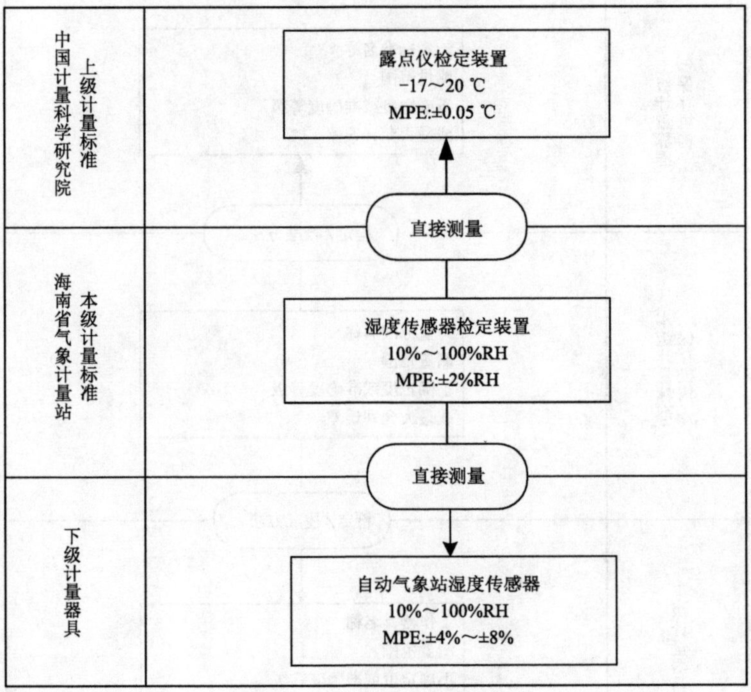

图 1.18　湿度溯源等级

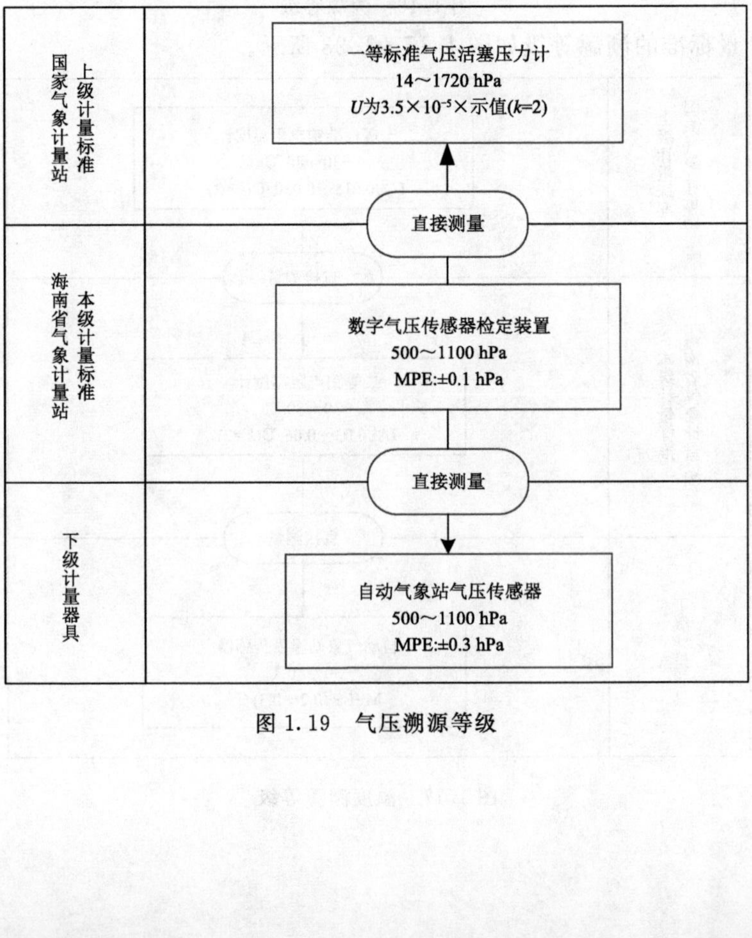

图 1.19　气压溯源等级

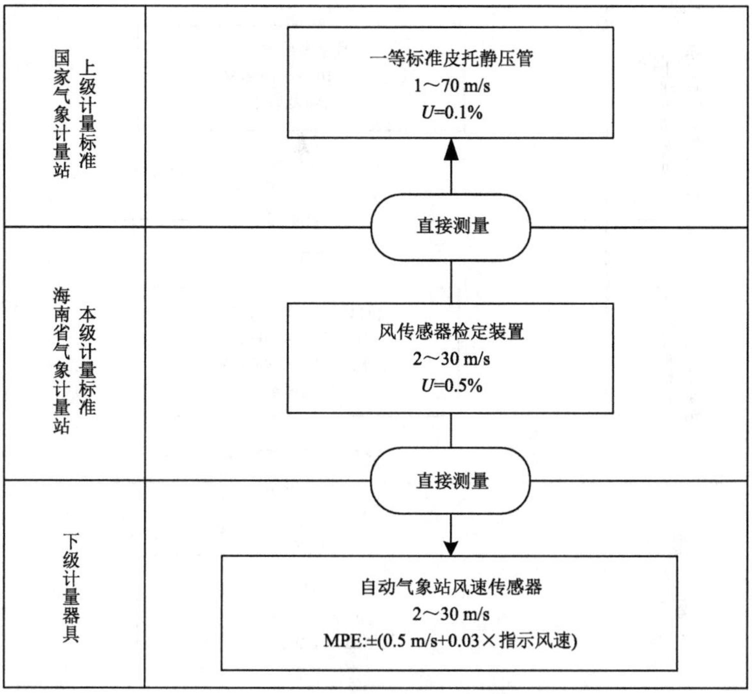

图 1.20　风速溯源等级

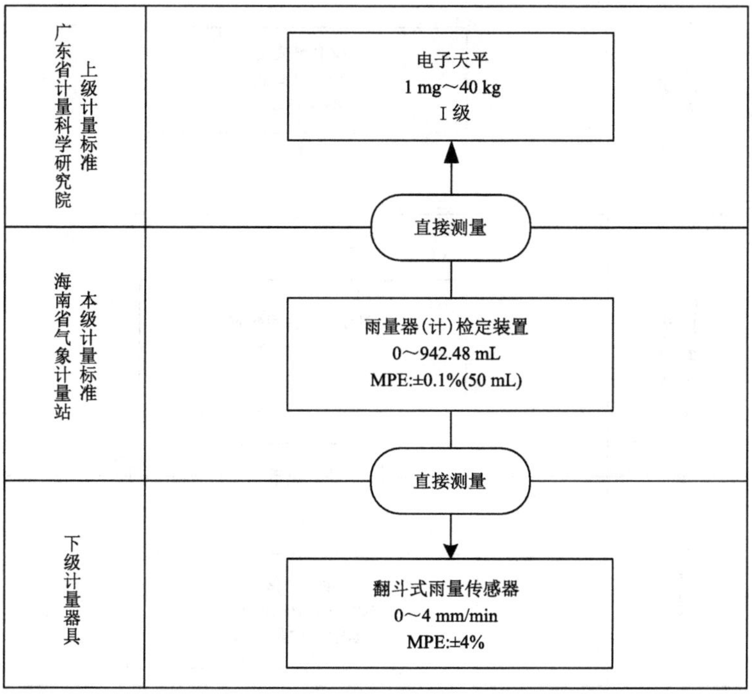

图 1.21　雨量溯源等级

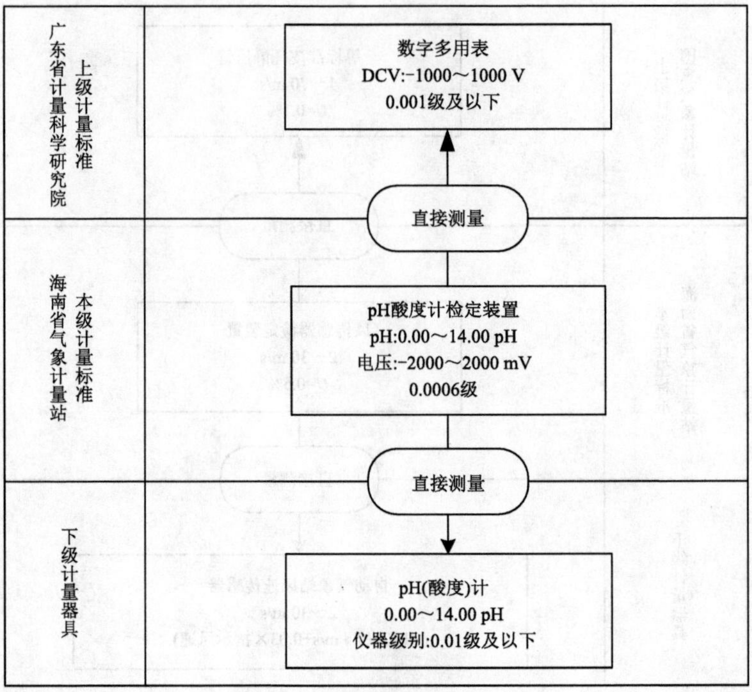

图 1.22　酸度溯源等级

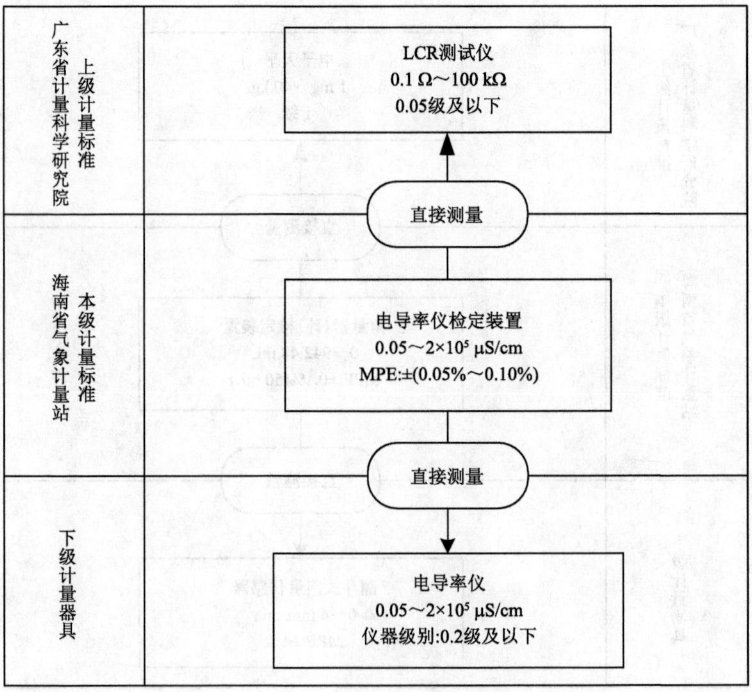

图 1.23　电导率溯源等级

温度、气压和风速主标准器皮托管溯源到国家气象计量站，湿度主标准器和风速主标准器微压计溯源到中国计量科学研究院，雨量、酸度和电导率主标准器溯源到广东省计量科学研究院。

1.4　不确定度评定

1.4.1　测量不确定度

引入不确定度可以对测量结果的准确度作出科学合理的评价。不确定度越小，表示测量结果与真值越接近，测量结果越可靠。《通用计量术语及定义》(JJF1001－2011)中测量不确定度定义是测量不确定度是与测量结果关联的一个参数，用于表征合理赋予被测量值的分散性。这个定义有些抽象，难以理解，举个例子说明一下。

例如，给定测量结果：$m=500$ g，$U=1$ g($k=2$)，m 表示被测对象质量，U 表示测量结果不确定度，k 表示置信概率。那么，被测对象的重量为(500±1)g，测量结果不确定的区间是499～501 g，且在该区间的包含概率约为 95%。这样的测量结果比仅 500 g 给出了更多的可信度信息。

不确定度是与测量结果相联系的参数。测量设备只有计量特性，“计量标准不确定度”仅仅是计量标准的计量特性对测量结果引入的“不确定度分量”。建标时评定的“计量标准不确定度”，实际上就是指检定结果的不确定度，这个不确定度不仅仅是计量标准计量特性带来的不确定度分量，也包含了检定过程其他因素带来的不确定度分量。检定就是一种特殊的测量活动，检定结果就是测量结果，是用计量标准作为测量设备去测量被检测量设备的计量特性所得到的结果，这个结果就是检定人员写在检定证书或校准证书上的检定结果或校准结果，写在证书上的不确定度就是该检定/校准过程所得结果的不确定度。

需要明确一点，只要是使用与建标时相同的检定人员、计量标准、检定规程(或校准规范)，在同一个计量室对测量设备的同一种量值执行测量，此时的测量过程与建标时的测量过程没有重大变化，因此建标时，建标技术报告里被认可了的不确定度就是该项计量检定这个测量过程的测量结果的不确定度，没有必要对每次检定活动再重复进行不确定度评定了。

1.4.2　常用评定方法

关于不确定度有几个必须要弄清楚的术语：标准不确定度、合成不确定度和扩展不确定度，几者的关系如图 1.24 所示。

标准不确定度：以标准差表示的测量不确定度。

标准不确定度评定方法分为不确定度的 A 类评定和不确定度的 B 类评定。不确定度的 A 类评定：用对观测列进行统计分析的方法，来评定标准不确定度；不确定度的 B 类评定：用不同于对观测列进行统计分析的方法，来评定标准不确定度。

合成不确定度：当测量结果是由若干个其他量的值求得时，按其他各量的方差和协方差算得的标准不确定度，其中方差是标准差的平方，协方差是相关性导致的方差。

扩展不确定度：确定测量结果区间的量，合理赋予被测量值分布的大部分可望含于此区间。

包含因子：为求得扩展不确定度，对合成不确定度所乘之数字因子。

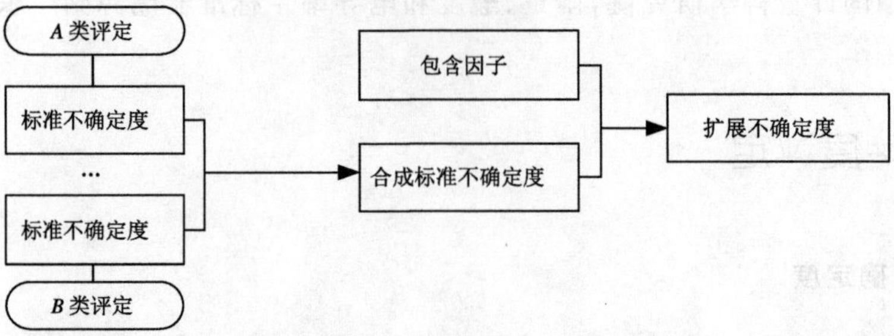

图 1.24　不确定度的关系

1.4.2.1　标准不确定度 A 类评定

标准不确定度 A 类评定用测量数据的实验标准偏差表征，样本值的标准偏差常用贝塞尔法和极差法进行估计。

1. 贝塞尔法

当在重复或复现条件下，对被测量 X 进行 n 次独立测量。

(1)计算算数平均值：

$$\overline{x}=\frac{1}{n}(x_1+x_2+x_3+\cdots+x_n)=\frac{1}{n}\sum_{i=1}^{n}x_i$$

式中，$\overline{x}$为 n 次测量算数平均值，x_i 为第 i 次测量值。

(2)计算单个测得值 x_i 的实验标准偏差 $s(x_i)$：

$$s(x_i)=\sqrt{\frac{\sum_{i=1}^{n}(x_i-\overline{x})^2}{n-1}}$$

式中，$s(x_i)$为单个测得值 x_i 的实验标准偏差，$\overline{x}$ 为 n 次测量算数平均值，x_i 为第 i 次单个测量值。

(3)当以单次测量作为被测量的结果时，其标准不确定度为：

$$u(x)=s(x_i)$$

式中，$u(x)$为标准不确定度，$s(x_i)$为单个测得值 x_i 的实验标准偏差。

(4)当以算数平均值 $\overline{x}$ 作为被测量的结果时，其标准不确定度为：

$$u(x)=s(\overline{x})=\frac{s(x_i)}{\sqrt{n}}$$

式中，$u(x)$为标准不确定度，$s(\overline{x})$为平均值的实验标准差，$s(x_i)$为单个测得值 x_i 的实验标准偏差，n 为测量次数。

通常以样本的算数平均值 $\overline{x}$ 作为被测量的最佳估计值，以平均值的实验标准差作为测量结果的标准不确定度。

有一个非常容易混淆的问题，为什么标准不确定度 A 类评定中有的没除以$\sqrt{n}$，其实这是因为标准规范和教材把为了计算实验标准差(S)进行的重复性实验次数(n)和实际测量中出具测量结果时的测量次数(N)不加区别地使用了同一个符号(n)，这是给广大计量工作者带来困惑的根源。

不确定度评定中，获取标准偏差必须做 n 次(n 越多越好)重复性实验。得到标准偏差(s)后，实验阶段宣告结束，这个 s 即可存档作为本测量方法的档案标准偏差备查。当对某个具体测量结果或测量方法进行不确定度评定时，就要看获取测量结果的方法是经过多少次测量取平均值，如果获取测量结果的方法是经过 N 次测量取平均值，那么该测量结果或测量方法通过 A 类评定的不确定度就可以查到档案标准偏差(s)，从而得到 $s/\sqrt{N}$，而绝非另外再做重复性实验。

通俗地理解就是实际检定或校准中，如果测量结果是测一次得到的，不确定度就是 s，如果是 N 次取平均得到的，则不确定度就是 $s/\sqrt{N}$。

2. 极差法

当在重复或复现条件下，对被测量 X 进行 n 次独立测量。

(1)计算算数平均值：

$$\bar{x} = \frac{1}{n}(x_1 + x_2 + x_3 + \cdots + x_n) = \frac{1}{n}\sum_{i=1}^{n} x_i$$

式中，$\bar{x}$ 为 n 次测量算数平均值，x_i 为第 i 次测量值。

(2)计算单个测得值 x_k 的实验标准偏差 $s(x_k)$：

$$s(x_k) = \frac{R}{C}$$

式中，R 为极差，即 $R = x_{\max} - x_{\min}$，C 为极差系数，可查表 1.9 得到。$s(x_k)$为单个测得值 x_k 的实验标准偏差。

表 1.9 极差系数

n	2	3	4	5	6	7	8	9
C	1.13	1.69	2.06	2.33	2.53	2.70	2.85	2.97

(3)当以单次测量作为被测量的结果时，其标准不确定度为：

$$u(x) = s(x_k)$$

式中，$u(x)$为标准不确定度，$s(x_k)$为单个测得值 x_k 的实验标准偏差。

(4)当以算数平均值 $\bar{x}$ 作为被测量的结果时，其标准不确定度为：

$$u(x) = s(\bar{x}) = \frac{s(x_k)}{\sqrt{n}}$$

式中，$u(x)$为标准不确定度，$s(\bar{x})$为平均值的实验标准差，$s(x_k)$为单个测得值 x_k 的实验标准偏差，n 为测量次数。

一般情况下，当测量次数 $n<10$ 时，使用极差法，$n\geqslant10$ 时使用贝塞尔法，前者使用起来方便，后者可信度高。

1.4.2.2 标准不确定度 B 类评定

标准不确定度 B 类评定不依赖于对样本数据的统计，而是根据经验和资料及假设的概率分布估计的标准偏差表征，含有主观鉴别的成分，利用与被测量有关的其他先验信息来进行估计。

标准不确定度 B 类评定的先验信息来源主要有：

①以前的测量数据。

②校准证书、检定证书、测试报告及其他证书文件。

③生产厂家的技术说明书。

④引用的手册、技术文件、研究论文和实验报告中给出的参考数据及不确定度值等。

⑤测量仪器的特性和其他相关资料等。

⑥测量者的经验与知识。

⑦假设的概率分布及其数字特征。

标准不确定度 B 类评定有 4 种方法：

(1)若有关资料(校准/检定证书、仪器说明书)给出估计值 x_i 的扩展不确定度 $U(x_i)$ 是估计值标准不确定度 $u(x_i)$ 的 k_i 倍，则标准不确定度：

$$u(x_i) = \frac{U(x_i)}{k_i}$$

式中，$u(x_i)$为估计值 x_i 的标准不确定度，$U(x_i)$为估计值 x_i 的扩展不确定度，k_i 为倍数。

(2)若估计值 x_i 的扩展不确定度 $U(x_i)$ 不是按标准不确定度 $u(x_i)$ 的倍数给出，而是给出了置信概率 P 为 90%、95%、99%的置信区间半宽度 U_{90}、U_{95}、U_{99}，除非另有说明，一般按照正态分布(表 1.10)评定其标准不确定度，则标准不确定度：

$$u(x_i) = \frac{U(x_i)}{k_p}$$

式中，$u(x_i)$为估计值 x_i 的标准不确定度，$U(x_i)$为估计值 x_i 的扩展不确定度，k_p 为包含因子。

表 1.10　正态分布情况下置信概率与包含因子之间的关系

P(%)	50	68.27	90	95	95.45	99	99.73
k_p	0.67	1	1.645	1.96	2	2.576	3

(3)若已知信息表明 X_i 的值接近正态分布，并以 0.68 的概率落于 $(a_+ - a_-)/2 = a$ 的对称范围内，取 $k_p = 1$，则

$$u(x_i) = a$$

式中，$u(x_i)$为估计值 x_i 的标准不确定度，a 为测量值概率分布区间的半宽度。

(4)若已知 X_i 估计值 x_i 分散区间半宽度为 a，且 x_i 落在 a_- 至 a_+ 范围内的概率为 100%，通过对分布的估计(表 1.11)，得出标准不确定度为：

$$u(x_i) = \frac{a}{k}$$

式中，$u(x_i)$为估计值 x_i 的标准不确定度，a 为测量值概率分布区间的半宽度，k 与分布状态有关。

表 1.11　几种非正态分布概率分布的置信因子(k)

概率分布	均匀	反正弦	三角	梯形	两点
k (P=100%)	$\sqrt{3}$	$\sqrt{2}$	$\sqrt{6}$	$\sqrt{6}/(1+\beta^2)$	1

注：β 为梯形上底半宽度与下底半宽度之比。

区间半宽度的确定方法有如下几种：

(1)说明书给出测量仪器的最大允许误差为$\pm\Delta$，并经计量部门检定合格，区间半宽度为：$a=\Delta$。

(2)校准证书提供的扩展不确定度为U，则区间半宽度为：$a=U$。

(3)由手册查出所用的参考数据，同时给出该数据的误差不超过$\pm\Delta$，则区间半宽度为：$a=\Delta$。

(4)数字显示装置的分辨力为最低位1个数字，所代表的量值为δ_x，则区间半宽度为：$a=\delta_x/2$。

(5)由有关资料查得某参数的最小值为a_-和最大值为a_+，最佳估计值为该区间的中点，则区间半宽度为：$a=(a_+-a_-)/2$。

(6)当测量仪器或实物给出准确度等级时，可以按检定规程所规定的该级别的最大允许误差进行评定。

1.4.2.3 合成标准不确定度

合成标准不确定度计算法公式(不确定度传播率)：

$$u_c(y)=\sqrt{\sum_{i=1}^{N}\left(\frac{\partial f}{\partial x_i}\right)^2u^2(x_i)+2\sum_{i=1}^{N-1}\sum_{j=i+1}^{N}\frac{\partial f}{\partial x_i}\cdot\frac{\partial f}{\partial x_j}\cdot r(x_i,x_j)\cdot u(x_i)\cdot u(x_j)}$$

式中，y为输出量估计值，$u_c(y)$为y的合成标准不确定度，x_i，x_j为输入量估计值，$i\neq j$，N为输入量的数量，$\frac{\partial f}{\partial x_i}$，$\frac{\partial f}{\partial x_j}$为灵敏系数，$u(x_i)$和$u(x_j)$分别为$x_i$和$x_j$的标准不确定度，$r(x_i,x_j)$为$x_i$和$x_j$两个输入量的相关系数。

(1)输入量正相关时，相关系数为$+1$，当灵敏系数为1时：

$$u_c(y)=\sum_{i=1}^{N}\left(\frac{\partial f}{\partial x_i}\right)u(x_i)=\sum_{i=1}^{N}u(x_i)$$

式中，$u_c(y)$为y的合成标准不确定度，$\frac{\partial f}{\partial x_i}$为灵敏系数，$u(x_i)$为输入量标准不确定度分量。

(2)大多数情况，输入量互不相关(彼此独立)，可认为相关系数$r(x_i,x_j)$为0，设$\frac{\partial f}{\partial x_i}u(x_i)=u_i(y)$，有$u_c(y)=\sqrt{\sum_{i=1}^{N}\left(\frac{\partial f}{\partial x_i}\right)^2u^2(x_i)}=\sqrt{\sum_{i=1}^{N}u_i^2(y)}$称为方和根方法合成。

式中，$u_c(y)$为y的合成标准不确定度，$\frac{\partial f}{\partial x_i}$为灵敏系数，$u(x_i)$为输入量标准不确定度分量，$u_i(y)$为测量结果$y$的标准不确定度分量。

在彼此独立的模型中，计算合成不确定度的3个简单原则：

规则一：只涉及量的和或差的线性模型：

$$u_c(y)=\sqrt{\sum_{i=1}^{N}u_i^2(y)}$$

式中，$u_c(y)$为y的合成标准不确定度，$u_i(y)$为测量结果y的标准不确定度分量。

规则二：只涉及量的积或商的模型：

$$y=f(x_1,x_2,\Lambda,x_N)=cx_1^{p_1}x_2^{p_2}\Lambda x_N^{p_N}$$

$$u_{\mathrm{rel}}(y)=\sqrt{\sum_{i=1}^{N}\left[p_i u_{\mathrm{rel}}(x_i)\right]^2}=\sqrt{\sum_{i=1}^{N}\left[p_i\frac{u(x_i)}{x_i}\right]^2}$$

式中，y 为输出量估计值，x_i 为第 i 个测量值，p_i 为指数，$u_{\mathrm{rel}}(y)$为测量结果的相对合成不确定度，$u_{\mathrm{rel}}(x_i)$为输入量的相对合成不确定度，$u(x_i)$为输入量标准不确定度分量。

规则三：在进行不确定度分量合成时，将原始数学模型分解，将其变为只包括上述原则之一的形式。

例如，表达式 $(x_1+x_2)/(x_3+x_4)$ 分解为 (x_1+x_2) 和 (x_3+x_4) 两部分，每个部分的不确定度用规则一计算，然后用规则二合成。

例：$y=\frac{x_1.x_2}{x_3}$，且各输入量相互独立无关。已知 $x_1=80, x_2=20, x_3=40$；$u(x_1)=2$，$u(x_2)=1, u(x_3)=1$。求合成不确定度 $u_c(y)$。

解：

$$u_{\mathrm{rel}}(y)=\sqrt{\left[\frac{u(x_1)}{x_1}\right]^2+\left[\frac{u(x_2)}{x_2}\right]^2+\left[\frac{u(x_3)}{x_3}\right]^2}=\sqrt{\left[\frac{2}{80}\right]^2+\left[\frac{1}{20}\right]^2+\left[\frac{1}{40}\right]^2}=0.061$$

$$y=\frac{x_1x_2}{x_3}=\frac{80\times 20}{40}=40$$

$$u_c(y)=y\cdot u_{\mathrm{rel}}(y)=40\times 0.061=2.44$$

合成标准不确定度乘以包含因子就得到扩展不确定度，包含因子通常取 2～3，大多数情况下取 $k=2$。

1.4.3 不确定度评定

不确定度评定程序如图 1.25 所示。

不确定度来源的分析取决于对测量设备、方法、环境和对被测量详细地了解和认识，通常从以下几个方面考虑：

(1)被测量的定义不完整(影响量未在定义中说明)。

(2)复现被测量的测量方法不理想。

(3)取样的代表性不够。

(4)对测量过程受环境影响的认识不恰如其分或对环境的测量与控制不完善(环境)。

(5)对模拟式仪器的读数存在人为偏移(人为估读)。

(6)测量仪器计量性能的局限性(分辨力、最大允差)。

(7)测量标准或标准物质提供的量值的不准确(标准引入)。

(8)引用的数据或其他参量值的不准确(引用的常数)。

(9)测量方法和测量程序的近似和假设。

(10)在相同条件下被测量在重复观测中的变化(重复性)。

(11)修正值引入的不确定度。

在实际测量中，由于影响因素的多重性和复杂性，使得不确定度评定复杂，建立数学模型能使评定过程简化直观而且准确科学。

建立数学模型，就是根据测量方法，发掘被测量与有关量的函数关系。根据函数确定有关量的值计算被测量的值，分析有关量的不确定度得到被测量的不确定度。数学模型不是唯一

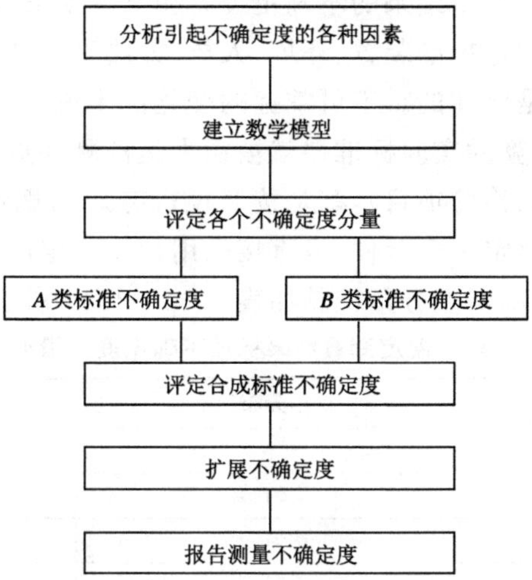

图 1.25　不确定度评定程序

的，取决于所用的测量方法和测量程序。

气象计量标准中常用的数学模型如表 1.12 所示。

表 1.12　数学模型

项目	数学模型	输出量	输入量
温度	$\Delta T = T - (T_S + \Delta t)$	ΔT：误差	T：被检示值； T_S：标准器示值； Δt：标准器修正值
湿度	$\Delta H = H - H_0$	ΔH：误差	H：被检示值； H_0：标准器示值
气压	$\Delta P = P - (P_S + \Delta p)$	ΔP：误差	P：被检示值； P_S：标准器示值； ΔP：标准器修正值
风速	$\Delta v = v - 1.278k_\rho\sqrt{\xi p_v}$	Δv：误差	v：被检示值； k_ρ：空气密度修正系数； ξ：皮托管系数； p_v：实测风压
雨量	$\Delta R = R - R_0$	ΔR：误差	R：被检示值； R_0：标准器示值
酸度	$d = \mathrm{pH} - \mathrm{pH_s}$	d：误差	pH：被检示值； $\mathrm{pH_s}$：标准器示值
电导率	$\Delta k = \frac{1}{k_F}(k_M - k_s)$	Δk：误差	k_F：满量程值； k_M：被检示值； k_s：标准电导值

采用直接比较法测量，误差等于被检仪器值减去标准器的值，温度和气压考虑标准器修正值。风速标准值数学模型是指数形式，计算相对不确定度。

对于一个完整的测量，其测量结果的不确定度是由各个分量不确定度导出的。对测量结果不确定有贡献的分量(如测量标准装置、环境、人员、方法等)，这些不确定度来源是实验室本身所具备的，可控制的或说是已知的。不可掌握的变化的不确定度来源于被检(测)仪器贡献的不确定度。用贝塞尔法计算的实验标准差就被视为是被测件贡献的标准不确定度。在规范化的常规测量中(检定、校准、检验项目)，都是按照现行有效的规程、规范、标准等经常进行测量，不可能每测量一个台件评定一个台件，可直接采用预先评定出结果，以便后续的使用。

各要素测量结果标准不确定度分量汇总如表 1.13～1.19 所示。

表 1.13　温度测量结果标准不确定度分量汇总

标准不确定度分量	概率分布	分量值(℃)
测量重复性		0.006
被检表分辨力	均匀	0.029
标准器误差	均匀	0.0174
标准器修正值	正态	0.015
恒温槽温场不均匀	均匀	0.00577
恒温槽波动	均匀	0.00577

注：$u_c = 0.039$ ℃。

表 1.14　湿度测量结果标准不确定度分量汇总

标准不确定度分量	概率分布	分量值(%)
测量重复性		0.037
被检表分辨力	均匀	0.029
标准器误差	均匀	0.577
湿度发生器均匀性	均匀	0.335

注：$u_c = 0.67\%$。

表 1.15　气压测量结果标准不确定度分量汇总

标准不确定度分量	概率分布	分量值(hPa)
测量重复性		0.013
被检表分辨力	均匀	0.029
标准器误差	均匀	0.0577

注：$u_c = 0.059$ hPa。

表 1.16　风速测量结果标准不确定度分量汇总

标准不确定度分量	概率分布	分量值
测量重复性		0.021 m/s
被检表分辨力	均匀	0.03 m/s
微压计	均匀	$u_r(P_v) = \frac{29}{P_v}\%$
皮托管	正态	$u_r(\xi) = 0.25\%$
空气密度		$u_r(\rho) = 0.25\%$
流场均匀性	均匀	$u_r(I_1) = 0.25\%$
流场稳定性	均匀	$u_r(I_2) = 0.25\%$

注：$u_c(2) = 0.111, u_c(5) = 0.063, u_c(10) = 0.069, u_c(20) = 0.12, u_c(30) = 0.176$ (m/s)。

表 1.17　雨量测量结果标准不确定度分量汇总

标准不确定度分量	概率分布	分量值(mm)
测量重复性		0.024
被检表分辨力	均匀	0.029
数据修约	均匀	0.029
标准器误差	均匀	忽略不计

注：$u_c=0.041$ mm。

表 1.18　酸度测量结果标准不确定度分量汇总

标准不确定度分量	概率分布	分量值(pH)
测量重复性		0.0015
被检表分辨力	均匀	0.0029
标准器误差	均匀	0.001

注：$u_c=0.0034$ pH。

表 1.19　电导率测量结果标准不确定度分量汇总

标准不确定度分量	概率分布	分量值(μS/cm)
测量重复性		$u_1(\overline{k_M})=0$；$u_2(\overline{k_M})=0.021$； $u_3(\overline{k_M})=0.224$；$u_4(\overline{k_M})=2.582$
被检表分辨力	均匀	0.029
标准器误差	均匀	$\frac{k_F\times 0.05\%}{\sqrt{3}}$

注：$u_c=0.07\%$。

被检仪器的分辨力会对测量结果的重复性测量有影响，比较重复性引入的不确定度分量和分辨力引入的不确定度分量大小，取较大者，不可重复计算。

关于测量仪器修正值的不确定度分量的计算分两种情况考虑。如果你的测量仪器在使用中需要加修正值，计算它的示值引入不确定度分量时就用修正值的不确定度进行评定；如果不需要加修正值，直接使用示值就可以，计算它的示值引入不确定度分量时就用最大允许误差进行评定。道理很简单，取决于对示值的准确性有多大把握，需要使用修正值的就关心这个修正值有多准，不使用修正值的就看它的示值有多准，反映在最大允差上。

合成标准不确定度可以表示测量结果的分散性大小，便于测量结果间的比较，常用在报告基础计量学研究、基本物理常量测量和复现国际单位制单位的国际比对结果中。除上述规定或约定采用合成标准不确定度外，通常测量结果的不确定度都用扩展不确定度表示，包含因子通常取 2～3，大多数情况下取 $k=2$。

测量不确定度的有效数字位：1～2 位有效数字，当第一位有效数字是 1 或 2 时，应保留 2 位有效数字，减小修约误差，提高可靠性。

1.5　关键技术问题

检定或校准结果的重复性和计量标准的稳定性是计量标准两个非常重要的计量特性，建标单位无论是在新建或者是维护时都要对计量标准的这两个计量特性作重点考察，以保障计量标准能满足开展项目的要求并正常运行。

1.5.1 检定或校准结果的重复性

测量重复性是指在相同测量方法、相同观测者、相同测量仪器、相同场所、相同工作条件和短时间内，对同一被测量连续测量所得结果之间的一致程度。检定或校准结果的重复性是指在重复性测量条件下，用计量标准对被测对象重复测量所得测得值间的一致程度，通常用单次检定或校准结果的实验标准差作为重复性的量化度量参数。

$$s(y_i)=\sqrt{\frac{\sum_{i=1}^{n}(y_i-\overline{y})^2}{n-1}}$$

式中，y_i 为每次测量的测得值，$s(y_i)$为测得值的实验标准差，n 为测量次数，$\overline{y}$ 为 n 次测量的算数平均值。

测量次数 n 一般不少于 10，至少不少于 6。

对于常规的计量检定或校准，当无法满足 $n \geqslant 10$ 时，为使实验标准差更可靠，采用合并样本标准差表示检定或校准结果的重复性。合并样本标准差需要取若干样本，每个样本用贝塞尔法计算出样本的实验标准差 s_j ，然后将各个 s_j 进行合并，m 表示测量组数，以 s_p 表示合并样本偏差。

$$s_p=\sqrt{\frac{\sum_{j=1}^{m}s_j^2}{m}}$$

式中，s_p 为合并样本偏差，s_j 为第 j 组的实验标准偏差，m 表示测量组数。

《计量标准考核规范》(JJF1033—2016)明确指出，计量标准没有重复性特性，重复性属于测量结果的特性，因此只需做检定/校准结果的重复性试验。规范中提到“已建计量标准每年至少进行一次重复性试验，测得的重复性满足检定或校准结果的测量不确定度要求”是考核计量标准是否持续可用的重要指标。这句话应该怎么理解呢？

由于在新建计量标准中已经对检定或校准结果的重复性进行了测量，并且已经证明了最终得到的测量结果的不确定度满足要求，可以将新建计量标准时测得的重复性数据作为判断的依据。

例如，某年考核的实验标准偏差为 0.00556，如果小于建标技术报告中的实验标准偏差，则重复性符合要求；如果大于建标时的实验标准偏差，在测得的重复性与以往重复性数据相比不存在较大突变的条件下，把新得到的实验标准偏差(例如，0.00556)代入合成标准不确定度计算公式重新计算合成标准不确定度，再计算扩展不确定度，得到的扩展不确定度仍满足开展该项检定/校准活动的计量要求，就意味着“测得的重复性满足检定或校准结果的测量不确定度的要求”，并将新测的重复性作为下次重复性试验的依据，否则就是已经不满足检定/校准的要求。

对已建计量标准至少每年进行一次重复性试验(表 1.20)。

表 1.20　湿度重复性试验数据

试验时间 / 测量值(%) / 测量次数	2015 年 7 月 10 日	2016 年 7 月 21 日	2017 年 7 月 18 日	2018 年 7 月 22 日
试验条件	23 ℃,69%	22 ℃,72%	22 ℃,70%	23 ℃,68%
1	72.76	72.30	73.02	73.39
2	72.72	72.03	72.89	73.31
3	72.57	72.06	72.75	73.42
4	72.48	72.11	72.98	73.50
5	72.59	72.34	73.06	73.35
6	72.64	72.25	73.15	73.28
7	72.67	72.29	73.08	73.43
8	72.70	72.36	72.94	73.31
9	72.53	72.28	72.88	73.47
10	72.62	72.42	72.96	73.40
$\bar{y}$	72.628	72.244	72.971	73.386
$s(y_i)=\sqrt{\frac{\sum_{i=1}^{n}(y_i-\bar{y})^2}{n-1}}$	0.09	0.14	0.12	0.08
结论	符合要求	符合要求	符合要求	符合要求
备注				
试验人员	b	b	c	c

注:重复性计算结果均小于新建标准时测得的重复性,重复性符合要求。

1.5.2　稳定性考核

稳定性是测量设备的一个重要特性,计量标准是测量设备之一,因此稳定性也是计量标准的重要特性之一,故《计量标准考核规范》(JJF1033—2016)仍然要求做计量标准稳定性考核。

稳定性是与时间密切相关的一个特性,是测量设备随时间的推移保持原有状态的性质。每经过一个规定的时间段,用核查标准对计量标准进行核查,其原有状态的变化在规定的要求范围内,稳定性合格。

至于核查标准的选择,核查标准的准确度等级并不一定要高于被核查的计量标准。核查标准的关键性指标是其某个显示值或量值的稳定性一定要好,只要核查标准的作为核查值的那个显示值稳定性好,低等级的测量设备也都可以作为核查标准使用。如果实在找不到一个稳定性好的设备作为核查标准,就可以用相邻两次上级计量检定机构给出的检定结果参考作为稳定性考核结果。

例如,湿度计量标准所测量的参数均无法找到比较稳定的对应于相应参数的核查标准,所以无法进行稳定性考核。只能以上级法定计量机构的检定数据作为稳定性考核(表 1.21)。仪器的最大示值误差,4 年最大值为 0.9%,均小于最大允许误差(1%),故本标准稳定性符合要求。

表 1.21　中国计量科学研究院的检定数据

计量标准器编号	最大允许误差	检定数据				结论
		2014 年	2015 年	2016 年	2017 年	
105G09	±1%	最大误差≤0.9%	最大误差≤0.3%	最大误差≤0.9%	最大误差≤0.7%	合格

稳定性考核的难点是允许变化量的界定。计量标准的最大允许误差的绝对值理论上是主标准器和主要配套设备组成的一套“测量系统”的最大允许误差的绝对值，简化些用主标准器的最大允许误差的绝对值代替，只要不超过主标准器的最大允许误差的绝对值就不会超过计量标准整套测量系统的最大允许误差的绝对值，可以用扩展不确定度代替(例如，风速计量标准)。计量标准使用标称值或示值时，其稳定性小于计量标准最大允许误差的绝对值(例如，湿度和气压计量标准)；计量标准需要加修正值使用时，其稳定性小于标准器修正值的扩展不确定度，此值只能由上级检定机构给出(例如，温度计量标准)，只受上级检定机构计量标准测量的不确定度影响，通过查上级检定机构给出的校准证书得到，无法获取时取被考核计量标准的最大允许误差的 1/3 代替，因为 1/3 原则是计量界默认的基本原则。为了直观描述允许变化量界定方法，允许变化量界定如图 1.26 所示。

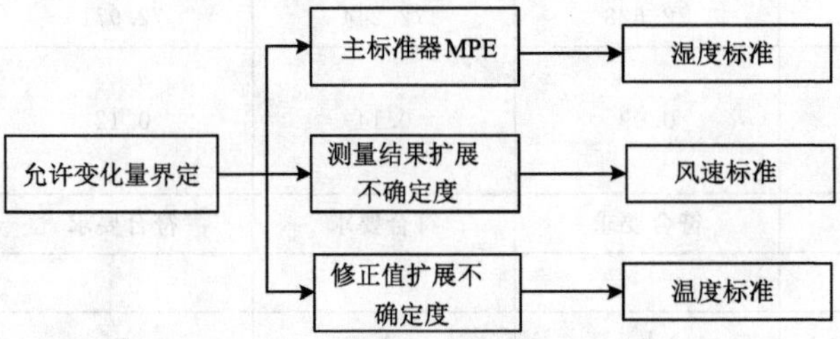

图 1.26　允许变化量界定

《计量标准考核规范》(JJF1033—2016)指出，对于新建计量标准，每隔一段时间，用该计量标准对核查标准进行一组 n 次的重复测量，取其算术平均值为测得值，共观测 m 组，取 m 组测得值的最大值和最小值之差，作为新建标准在该时间段内的稳定性。对于已建计量标准，每年至少一次用被考核的计量标准对核查标准进行一组 n 次重复测量，取算术平均值作为测得值，以相邻两年测得值之差作为该段时间内计量标准的稳定性(表 1.22)。

表 1.22　稳定性考核记录

考核时间 / 测量值(℃) / 测量次数	2015 年 7 月 09 日	2016 年 7 月 15 日	2017 年 7 月 20 日	2018 年 7 月 12 日
核查标准	RCY-1A 数字测温仪，编号 09068			
1	20.07	20.08	20.08	20.10
2	20.05	20.08	20.07	20.08
3	20.04	20.09	20.07	20.09
4	20.06	20.08	20.07	20.10
5	20.06	20.07	20.08	20.09

续表

测量次数 \ 测量值(℃) \ 考核时间	2015 年 7 月 09 日	2016 年 7 月 15 日	2017 年 7 月 20 日	2018 年 7 月 12 日
核查标准	RCY-1A 数字测温仪，编号 09068			
6	20.05	20.06	20.08	20.09
7	20.05	20.06	20.07	20.07
8	20.08	20.07	20.09	20.08
9	20.07	20.08	20.08	20.08
10	20.07	20.07	20.07	20.10
$\bar{y}_i$	20.06	20.074	20.076	20.088
变化量 $\lvert\bar{y}_i-\bar{y}_{i-1}\rvert$		0.014	0.002	0.012
允许变化量	0.03			
结论	符合要求	符合要求	符合要求	符合要求
考核人员	c	c	b	b

1.5.3　检定或校准结果验证

"测量结果"的定义包括了测得值和测得值的不确定度(见《计量标准考核规范》(JJF1001—2011)的定义 5.1 条注 2)，因此，《计量标准考核规范》(JJF1033—2016)提出了"检定或校准结果的验证"要求，验证的就是测得值的正确性和可信性，用上级和自己对同一个量值校准所得测得值的差的大小验证自己的校准结果的正确性，用测量不确定度验证自己的校准结果的可信性，综合指标就是两者测得值之差的绝对值与两者测得值的不确定度均方根的比值不得大于 1。

检定或校准结果验证方法分为传递比较法和比对法。传递比较法具有溯源性，原则上检定或校准结果验证方法采用传递比较法，在无法进行传递比较法的情况下采用比对法，参加比对的建标单位应当尽可能多，下面分别介绍这两种方法。

用被考核的计量标准和高等级的计量标准测量同一被测对象，若用被考核计量标准和高等级计量标准进行测量时的扩展不确定度分别为 U_{lab} 和 U_{ref}，包含因子 $k=2$，它的检定或校准结果，分别为 y_{lab} 和 y_{ref}，满足公式

$$\lvert y_{\text{lab}}-y_{\text{ref}}\rvert \leqslant \sqrt{U_{\text{lab}}^2+U_{\text{ref}}^2}$$

式中，y_{lab} 为被考核单位的检定或校准结果，y_{ref} 为高等级计量标准的检定或校准结果，U_{lab} 和 U_{ref} 分别为被考核计量标准和高等级计量标准进行测量时的扩展不确定度。

当 $U_{\text{ref}} \leqslant \dfrac{U_{\text{lab}}}{3}$ 时，可以忽略 U_{ref} 的影响，公式变为

$$\lvert y_{\text{lab}}-y_{\text{ref}}\rvert \leqslant U_{\text{lab}}$$

在无法采用传递比较法时，采用多个建标单位比对，以各建标单位所得到的检定或校准结果的平均值作为被测量的最佳估计值。若被考核建标单位的检定或校准结果为 y_{lab}，测量扩展不确定度为 U_{lab}，在被考核建标单位检定或校准结果的方差比较接近于各建标单位的平均

方差时，满足公式

$$|y_{\mathrm{lab}}-\bar{y}|\leqslant\sqrt{\frac{n-1}{n}}U_{\mathrm{lab}}$$

式中，y_{lab} 为被考核单位的检定或校准结果，U_{lab} 为被考核单位的测量扩展不确定度，$\bar{y}$ 为各建标单位所得到的检定或校准结果的平均值，n 为建标单位个数。

第 2 章　地面气象仪器知识

本章对海南省各台站常用的地面气象仪器进行梳理，介绍海南省气象观测用的温度、湿度、气压等各类地面观测仪器的工作原理、技术指标和仪器端故障诊断，使新入职人员快速了解气象仪器，为气象装备保障和仪器计量测试方法做铺垫。

2.1　传感器分类

《传感器通用术语》(GB7665—87)对传感器下的定义是："能感受规定的被测量并按照一定的规律(数学函数法则)转换成可用信号的器件或装置，通常由敏感元件和转换元件组成。"

自动气象站常用传感器根据输出信号特点分为 3 类：

(1)模拟传感器：输出模拟信号，包括温度(气温、草温和地温)传感器、湿度传感器、蒸发传感器和辐射传感器。

(2)数字传感器：输出数字量(含脉冲和频率)信号，包括翻斗式雨量传感器、风向传感器、风速传感器和气压传感器。

(3)智能传感器：带有嵌入式处理器的传感器，具有基本的数据采集和处理功能，可以输出并行或串行数据信号，包括能见度传感器和降水现象仪。

模拟和数字传感器与采集器挂接，智能传感器可以直接挂接主采集器或接入综合集成控制器。

2.2　温度传感器

温度量作为热学领域的计量单位，是国际单位制 7 个基本单位之一，可见其重要的地位。温度表示物体的冷热程度，用来测量物体温度数值的标尺为温标，常用的是摄氏温标(℃)。因为铂电阻元件具有准确度和稳定性好的特性，自动气象站一般使用铂电阻温度传感器测量温度。

铂电阻温度传感器的工作原理是利用金属铂的电阻在温度变化时自身电阻单值变化的特性来测量温度。铂电阻温度传感器可用来测量空气温度、草温和地温，主要由感应部件、绝缘护管和外部导线组成，感应部件位于测温杆头部，外有金属保护套或一层滤膜保护。

铂电阻温度传感器采用标称电阻值为 100 Ω 的铂电阻作为核心测量元件，就是常说的 Pt100 铂电阻。温度和电阻公式：$T=(R_t-100)/0.385$。温度为 0 ℃时，电阻是 100 Ω，温度每升高 1 ℃，电阻增大 0.385 Ω，即电阻变化率为 0.385 Ω/℃。从元件引出四芯屏蔽线用于测量，减少导线电阻引起的测量误差。温度传感器原理示意图如图 2.1 所示。海南省使用的是江苏无线电科学研究所有限公司生产的 WUSH-TW100 和 ZQZ-TW 型温度传感器技术指标，如表 2.1 所示。

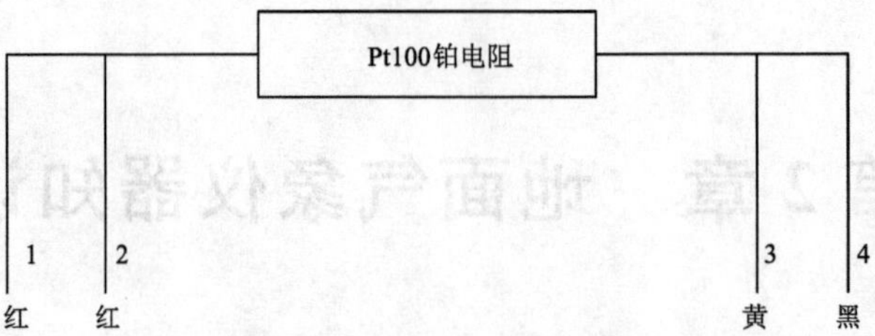

图 2.1 温度传感器原理示意图

表 2.1 温度传感器技术指标

型号/技术指标	WUSH-TW100	ZQZ-TW
生产厂家	江苏省无线电科学研究所有限公司	
测量范围	−50～60 ℃	−50～80 ℃
分辨力	0.1 ℃	0.1 ℃
准确度/最大允许误差	0.2 ℃	0.3 ℃
响应时间	≤20 s	≤20 s
元件类型	Pt-100	Pt-100
输出	四线制	四线制
传感器尺寸	长度 60 mm，直径 6 mm	长度 60 mm，直径 6 mm

电阻测量方法：用万用表测量铂电阻值，选用 200 Ω 电阻档，测量 1 和 2，或 3 和 4，为同端电阻，应为近似短路，电阻值近似 0 Ω，对于信号延长线长数十米的地温传感器，电阻值一般小于 10 Ω。1、3 两端与 2、4 两端的电阻（异端电阻）在海南省通常为 100 ～125 Ω，鲜少出现 100 Ω 以下的情况，出现阻值大于 125 Ω 或低于 100 Ω 的情况，可以判定温度传感器故障。

2.3 湿度传感器

空气湿度（简称湿度）是表示空气中水汽含量的物理量，水汽越多，空气越潮湿，湿度越大。在地面气象观测中，空气湿度指相对湿度，是一个无量纲的量，表示为%，自动气象站通常使用湿度传感器测量离地面 1.5 m 高度处的相对湿度。

海南省使用的是江苏省无线电科学研究所有限公司生产的 DHC2 型湿度传感器（技术指标如表 2.2 所示），是一种专门用于气象行业空气相对湿度测量的传感器，由湿敏元件、转换电路、外壳、防护罩组成。该传感器湿度敏感元件采用芬兰维萨拉公司新一代湿敏电容 HUMICAP180R，在抗高湿能力、耐化学腐蚀气体能力、测量精度和抗老化能力等方面都有长足的进步。

湿敏电容用高分子薄膜电容制成，用来感知环境湿度的变化。当环境变化时，感应膜的高分子聚合物能对水汽分子进行吸附和释放，电容两极板间的介电常数发生变化，促使湿敏电容发生变化。电容量经外围电路转换后输出电压信号，电压与电容呈线性正比关系，$RH = U \times 100\%$，传感器输出电压为 0 V 时，相对湿度为 0%，传感器输出电压为 1 V 时，相对湿度为 100%。

表 2.2　湿度传感器技术指标

型号/技术指标	DHC2
生产厂家	江苏省无线电科学研究所有限公司
测量范围	0%～100%
分辨力	1%
准确度/最大允许误差	±4%(≤80%) ±8%(>80%)
响应时间	20 s
输出信号	0～1 V
传感器尺寸	279 mm×60 mm

电压测量方法：如图 2.2 所示，在传感器正常供电情况下（“电源＋”和“电源地”之间的电压在 11.6～13.8 V），用万用表测量传感器输出的直流电压值。选用 2 V 直流电压档，测量“信号＋”（棕）与“信号－”（红）之间的电压，测量结果应为 0～1 V 的电压值，若超出此范围，则说明传感器故障。

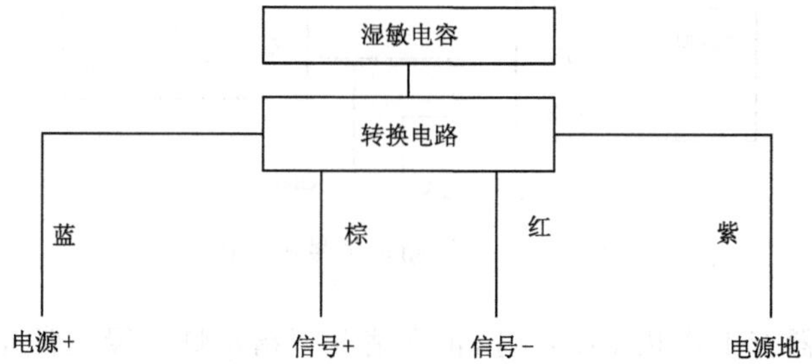

图 2.2　湿度传感器接线原理

2.4　气压传感器

气压是作用在单位面积上的大气压力，即单位面积上向上延伸到大气上界的整个垂直空气柱的重量。气压国际制单位为帕斯卡，简称帕。在地面气象观测中，气压使用单位是百帕，用符号“hPa”表示。海南省自动气象站中使用的是硅电容式数字气压传感器。

硅电容式数字气压传感器的感应元件是电容式硅膜盒，当外界气压发生变化时，硅膜盒的弹性膜片发生形变，引起硅膜盒电容器电容量的改变，通过计算电容量计算气压。电容量与气压的关系是气压增大，电容增大，气压减小，电容减小。

硅电容式数字气压传感器型号多样，海南省国家级业务站用的气压传感器型号是 DYC1，少数自动气象站使用 PTB210 型传感器，技术指标如表 2.3 所示。DYC1 特点是优良的可重复性、较低的迟滞性、较低的温度依赖性、较好的稳定性、较高的分辨力，可微调，动态特性好。

表 2.3　气压传感器技术指标

型号	DYC1/PTB220	PTB210
生产厂家	江苏省无线电科学研究所有限公司	华云升达(北京)气象科技有限公司（引进芬兰维萨拉公司产品）
测量范围	500～1100 hPa	500～1100 hPa
分辨力	0.01 hPa	0.01 hPa
最大允许误差	±0.3 hPa	±0.3 hPa
时间常数	300 ms	300 ms
输出信号	RS-232C	RS-232C
额定电压	DC 12 V	DC 12 V
外形尺寸	143 mm×118 mm×75 mm	139 mm×60 mm×32 mm

气压测量信号示意图如图 2.3 所示。

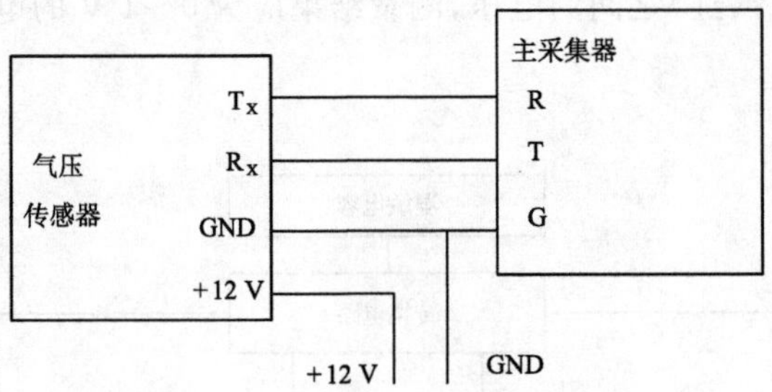

图 2.3　气压测量信号示意图

DYC1 气压传感器有工作状态指示灯，正常情况下指示灯呈绿色常亮，主采集器气压通道供电电压为 DC 12 V 左右。串口默认参数：2400 8 1 N。PTB210 串口默认参数：9600 8 1 N。检查传感器是否正常时，用串口线连接计算机和气压传感器，给传感器供电，通过串口发送命令 P↙，若能返回正常气压值，则传感器正常，否则传感器故障。

2.5　风向风速传感器

地面气象观测中测量的风是二维矢量，用风向和风速表示。风向是指风的来向，风速是指单位时间内空气流动的水平距离，以米/秒(m/s)为单位，精确到 1 位小数。观测数据图 2.4 中显示瞬时、二分钟、十分钟、最大和极大风向、风速数据。以风速为例，瞬时风速是指三秒钟风速的平均值，二分钟风速是指二分钟风速的平均值，十分钟风速是指十分钟风速的平均值，极大风速是指某个时段内出现的最大瞬时风速值，最大风速是指某个时段内出现的最大十分钟平均风速值。

陆地自动气象站较多使用杯式风速传感器测量风速，单翼风向传感器测量风向，海岛站采用螺旋桨风向风速一体的传感器。海南省自动气象站采用 ZQZ-TF 通用型和 ZQZ-TF 强风型两种风传感器，螺旋桨风传感器是 RM. YOUNG 生产的 05103 型和 05106 型，技术指标见表 2.4。

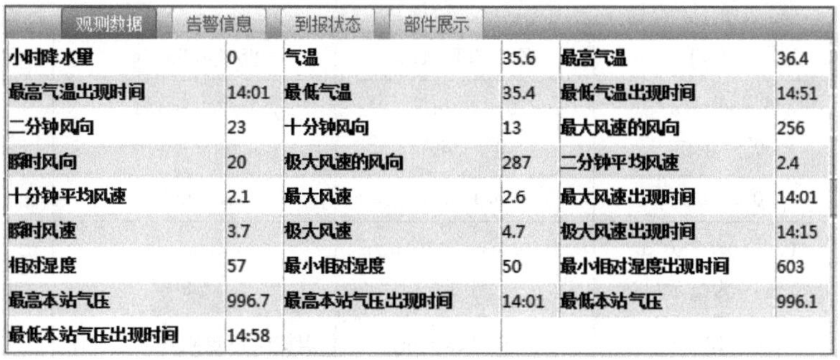

小时降水量	0	气温	35.6	最高气温	36.4
最高气温出现时间	14:01	最低气温	35.4	最低气温出现时间	14:51
二分钟风向	23	十分钟风向	13	最大风速的风向	256
瞬时风向	20	极大风速的风向	287	二分钟平均风速	2.4
十分钟平均风速	2.1	最大风速	2.6	最大风速出现时间	14:01
瞬时风速	3.7	极大风速	4.7	极大风速出现时间	14:15
相对湿度	57	最小相对湿度	50	最小相对湿度出现时间	603
最高本站气压	996.7	最高本站气压出现时间	14:01	最低本站气压	996.1
最低本站气压出现时间	14:58				

图 2.4　观测数据

ZQZ-TF 系列风速工作原理是采用霍尔效应技术，信号变换电路为霍尔开关电路，内有 36 只磁体，上下两两相对，形成 18 个小磁场。在水平风力作用下，风杯旋转，通过主轴带动磁棒盘旋转，风杯每旋转 1 圈，在霍尔开关电路就感应出 18 个脉冲信号，其频率随风速的增大而线性增加，线性方程为 $V=0.1\ F$。式中，V 为风速，单位为 m/s，F 为脉冲频率，单位为 Hz。

ZQZ-TF 系列风向工作原理是采用光电格雷码盘。7 位格雷码盘由 7 个等分的同心圆组成，码盘上装有 7 个红外发光二极管，下面对应 7 个光敏管。两个相邻码有且仅有 1 位数字不同，7 位可以形成 128 位格雷码。风向标随风旋转时，带动转轴下端的风向码盘一同旋转，每旋转 2.8125°(360/128)，位于光电器件支架上、下两边的 7 位光电转换电路就输出一组新的 7 位格雷码。

05103/05106 型风速传感器是一个 4 片螺旋推进器，推进器旋转产生一个 AC 正弦波信号，其频率与风速直接成比例。05103 型风向传感器是一个牢固且重量轻的风向标，具有足够低的纵横比，以保证在摇动有风条件下有较好的保真度。通过一密封的精密电位计来感知叶轮角。一个已知的激励电压作用于电位计，输出电压直接与叶轮角成比例。该设备由带有不锈钢和电镀铝的 UV 稳定材料制成，使用精密等级不锈钢钢珠轴承。瞬时保护和电缆终端放在一个便利的连接盒中，设备安装在标准的 1 英寸(1 in＝2.54 cm)管上。

05106 型号专用于海上和航海使用，风传感器有专门的防水轴承润滑剂，一个密封重型电缆尾取代了标准连接盒。可提供 0～5 V 电压输出，适用于多种数据采集仪。电流型风速仪每个通道可以提供标准的 4～20 mA 电流信号，适用于高噪声区域或长距离信号传输。

中环天仪生产的 EL15 系列风速传感器工作原理是采用光电技术，信号发生器包括截光盘和光电转换器。风杯作为感应部件，风杯转动时，通过主轴带动截光盘旋转，光电转换器进行光电扫描，输出相应的脉冲信号。海南省有 3 种型号的传感器，EL15-2C/EL15-1A 供电电压为 12 V，EL15-1C 供电电压为 5 V。

表 2.4　风向风速传感器技术指标

型号	ZQZ-TF	ZQZ-TF 强风	05103/05106	EL15-2C/EL15-1A
生产厂家	江苏省无线电科学研究所有限公司	江苏省无线电科学研究所有限公司	美国 RM. YOUNG	中环天仪(天津)气象仪器有限公司
启动风速	≤0.5 m/s	≤0.9 m/s	≤1.1 m/s	≤0.5 m/s

续表

型号	ZQZ-TF	ZQZ-TF 强风	05103/05106	EL15-2C/EL15-1A
测量范围	0～80 m/s 0°～360°	0～90 m/s 0°～360°	0～100 m/s 0°～360°	0～75 m/s 0°～360°
分辨力	0.1 m/s	0.1 m/s	0.1 m/s	0.05 m/s
准确度/最大允许误差	±(0.3+0.02 *v*) m/s ±3°(注：*v* 为指示风速)	±(0.3+0.03*v*)m/s ±3°	0.3 m/s(1%*v*) ±3°	±0.3 m/s(≤10 m/s) ±3%*v*(>10 m/s)
最大回转半径	风速：113 mm； 风向：395 mm	风速：113 mm； 风向：370 mm	螺旋桨恒定距离：2.7 m； 风向标延迟距离：1.3 m	风速：425 mm； 风向：160 mm
输出信号	频率 7 位格雷码	频率 7 位格雷码	频率 模拟电压	频率 7 位格雷码
额定电压	DC 5 V	DC 5 V	DC 15 V(最大值)	DC 12～15 V EL15-1C：5 V
重量	风速：0.65 kg； 风向：0.95 kg	风速：0.65 kg； 风向：0.95 kg	1.0 kg	风速：1.8 kg； 风向：1 kg

风向风速传感器共用 1 根电缆并由主采集器供电，如图 2.5 所示。风速对应主采集器 3 个引脚(电源、接地和信号)，风向对应 9 个引脚(格雷码信号 D0～D6、电源和接地)。

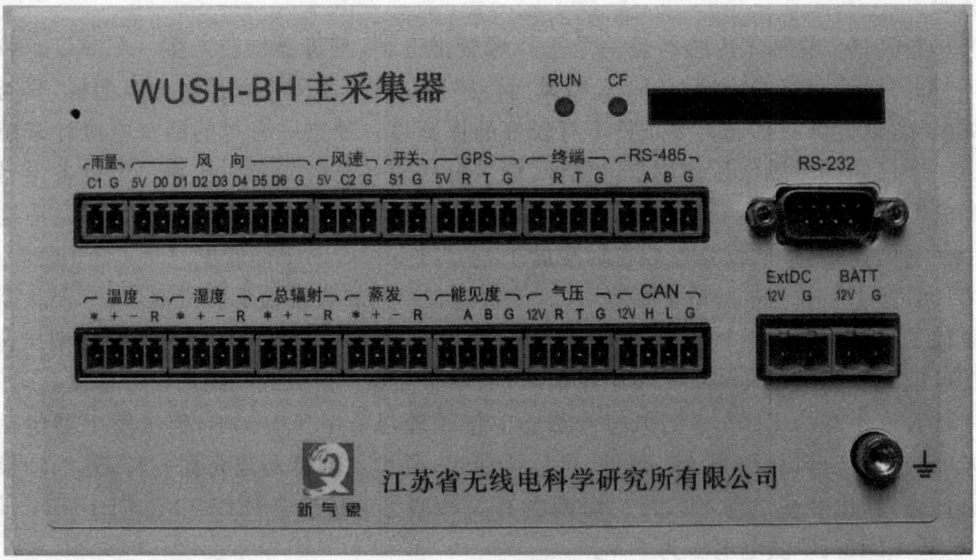

图 2.5　主采集器面板

风速数据明显缺测或异常时，有可能是风速传感器故障引起的，检查外观和风杯转动灵活性。传感器无明显异常时，测量供电电压，选用万用表直流电压 20 V 档，测量“5 V”和 GND 两端电压，正常情况下是 5 V 左右。在电源供电正常情况下，测量风速输出电压值。风杯转动时，测得 C2 和 GND 两端电压范围为 0.7～ 4.5 V，风杯静止时，测得 C2 和 GND 两端电压为 0.7 V 或 4.5 V 左右，说明传感器正常工作。

风向数据明显缺测或异常时，先检查传感器外观和风向标转动灵活性，传感器无明显异常时，在电源供电正常情况下，固定风向标，选用万用表直流电压 20 V 档，黑表笔接 GND，红表笔依次测量格雷码信号 D0～D6 电压值，记录 7 个电压值，高电平为 1，低电平为 0，转为 0 和 1 组成的序列，按 D6～D0 顺序记录 7 位格雷码，查风向和格雷码对应表如表 2.5 所示，得出风向值。通过与实际方位对比，判断传感器是否故障。

表 2.5 风向角度和 7 位格雷码对照

角度 °(N)	格雷码 CFEDCBA	角度 °(E)	格雷码 CFEDCBA	角度 °(S)	格雷码 CFEDCBA	角度 °(W)	格雷码 CFEDCBA
0	0000000	90	0110000	180	1100000	270	1010000
3	0000001	93	0110001	183	1100001	273	1010001
6	0000011	96	0110011	186	1100011	276	1010011
8	0000010	98	0110010	188	1100010	278	1010010
11	0000110	101	0110110	191	1100110	281	1010110
14	0000111	104	0110111	194	1100111	284	1010111
17	0000101	107	0110101	197	1100101	287	1010101
20	0000100	110	0110100	200	1100100	290	1010100
23	0001100	112	0111100	203	1101100	293	1011100
25	0001101	115	0111101	205	1101101	295	1011101
28	0001111	118	0111111	208	1101111	298	1011111
31	0001110	121	0111110	211	1101110	301	1011110
34	0001010	124	0111010	214	1101010	304	1011010
37	0001011	127	0111011	217	1101011	307	1011011
39	0001001	129	0111001	219	1101001	309	1011001
42	0001000	132	0111000	222	1101000	312	1011000
45	0011000	135	0101000	225	1111000	315	1001000
48	0011001	138	0101001	228	1111001	318	1001001
51	0011011	141	0101011	231	1111011	321	1001011
53	0011010	143	0101010	233	1111010	323	1001010
56	0011110	146	0101110	236	1111110	326	1001110
59	0011111	149	0101111	239	1111111	329	1001111
62	0011101	152	0101101	242	1111101	332	1001101
65	0011100	155	0101100	245	1111100	335	1001100
68	0010100	158	0100100	248	1110100	338	1000100
70	0010101	160	0100101	250	1110101	340	1000101
73	0010111	163	0100111	253	1110111	343	1000111
76	0010110	166	0100110	256	1110110	346	1000110
79	0010010	169	0100010	259	1110010	349	1000010
82	0010011	172	0100011	262	1110011	352	1000011
84	0010001	174	0100001	264	1110001	354	1000001
87	0010000	177	0100000	267	1110000	357	1000000

2.6　雨量传感器

先了解降水、降水量和降水强度(雨强)几个专业术语。降水是指空气中的水汽冷凝并降落到地表的现象,它包括两部分:一是大气中水汽直接在地面或地物表面及低空的凝结物,如霜、露、雾和雾凇,又称为水平降水;另一部分是由空中降落到地面上的水汽凝结物,如雨、雪、霰雹和雨凇等,又称为垂直降水。中国气象局《地面观测规范》规定,降水仅指的是垂直降水,水平降水不作为降水处理,发生降水不一定有降水量,只有有效降水才有降水量。降水量是在一定时间内,降落到水平面上,假定无渗漏,不流失,也不蒸发,累积起来的水的深度,以毫米(mm)为单位,取 1 位小数。降水强度(雨强)是指单位时间内或某一时段内的降水量,以毫米每分钟(mm/min)为单位。

自动气象站一般使用双翻斗雨量传感器测量液态降水,由承水器(直径为 200 mm)、上翻斗、汇集漏斗、计量翻斗、计数翻斗、干簧管和筒身等组成,其结构如图 2.6 所示。

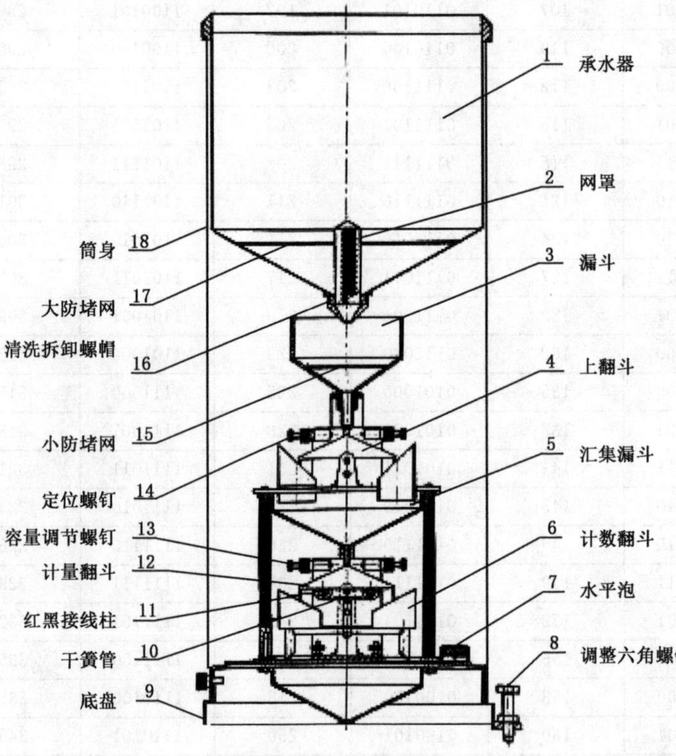

图 2.6　双翻斗雨量传感器组成结构

双翻斗雨量传感器工作原理是雨水进入承水器口,经过漏斗流入上翻斗。上翻斗承积一定水量时,发生翻转,经汇集漏斗注入计量翻斗,把不同强度的自然降水调节为比较均匀的降水,以减少由于降水强度不同造成的测量误差。计量翻斗达到 0.1 mm 降水量发生翻转,雨水由计量翻斗进入计数翻斗,使计数翻斗翻转一次。计数翻斗翻转时,其中部的磁钢对干簧管扫描一次,干簧管瞬间闭合一次,产生一个脉冲信号,脉冲信号由红黑接线柱引出,送至计数器进行计数，每个计数为 0.1 mm 降水量，其技术指标如表 2.6 所示。

表 2.6 双翻斗雨量传感器技术指标

型号/技术指标	SL3-1	SL5-1
生产厂家	上海气象仪器厂	天津华云天仪特种气象探测技术有限公司
测量范围	0～4 mm/min	0～4 mm/min
分辨力	0.1 mm	0.1 mm
准确度/最大允许误差	±0.4 mm(降水量≤10 mm)； ±4%(降水量>10 mm)	±0.4 mm(降水量≤10 mm)； ±4%(降水量>10 mm)
承水口直径	$\varnothing 200^{+0.6}_{0}$	$\varnothing 200^{+0.6}_{0}$
刃口角度	40°～45°	40°～45°
输出信号	开关信号	开关信号
传感器尺寸	Ø260 mm×545 mm	Ø218 mm×520 mm

SL5-1 雨量传感器翻斗内壁经过专门的表面制备，耐冲洗性好、硬度高，具有自清洁功能，在雨水等的冲刷下翻斗内壁表面污垢易被清除。憎水层保护周期长，可达 2～3 年，环保安全。

雨量缺测或数据异常时，应先检测传感器本身。计数翻斗翻动时有没有信号输出，可用万用表来检测。将万用表旋至电阻通断峰鸣档，红黑表笔分别接红黑接线柱金属部分，翻动计数翻斗，有导通声音说明干簧管通断正常，无声音说明干簧管故障，应更换干簧管。雨量传感器使用两个干簧管并接，只要其中有一个干簧管能正常工作，计数翻斗翻转时，都能送出一个开关信号，以使计数更加可靠。

双翻斗式雨量传感器重在维护。定期检查承水器，清除内部杂物，承水器、汇集漏斗和翻斗堵塞，以及蜘蛛结网和蚂蚁筑窝等都会导致雨量偏小；定期检查翻斗翻转的灵活性，发现阻滞感，检查翻斗轴向工作间隙是否正常，若异常重新调节螺丝；定期清除漏斗、翻斗和出水口沉积的泥沙，保证流水通畅，这些泥沙会导致雨量偏大。

2.7 蒸发

蒸发是液态或固态物质变成气态，逸入大气的过程，自动气象站测定的蒸发是水的蒸发，与降水是两个相反和相互依存的过程。蒸发量是指一定口径的蒸发器内，一定时段内，水分经蒸发而散布到空中的量，通常用蒸发掉的水层厚度的毫米数表示，取 1 位小数。

自动气象站使用的是超声波蒸发传感器测量蒸发量，超声波蒸发传感器和 E601B 大型蒸发器配套使用。蒸发测量系统由百叶箱、测量筒、超声波测量探头、连通管、E601B 大型蒸发器、水圈、溢流筒等组成(图 2.7)。

海南省用的蒸发传感器是江苏省无线电科学研究所有限公司生产的 WUSH-TV2 型传感器技术指标如表 2.7 所示。WUSH-TV2 型传感器采用超声波测距和连通器原理，根据超声波发射和返回的时间差对水面高度进行检测，转换成电信号输出，可精确测量蒸发桶内水面高度，利用水面两次测量的高度差，即可计算一定时段内水面的蒸发量。采用连通器原理，将测量桶和蒸发器用连通管相连，大大降低了水面波动对蒸发测量的影响，提高了测量稳定性和准确度。

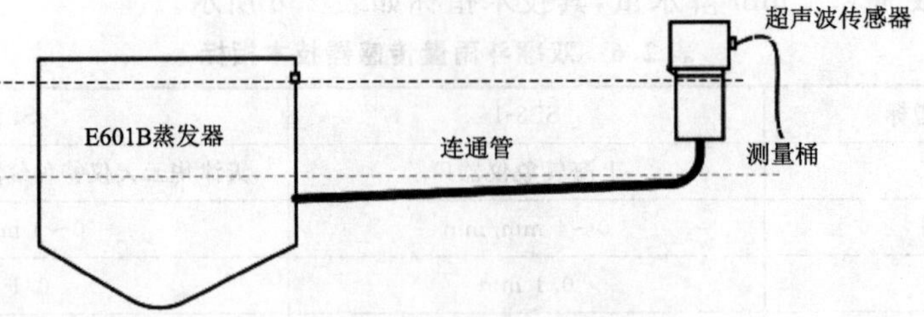

图 2.7 蒸发测量系统示意图

表 2.7 蒸发传感器技术指标

型号/技术指标	WUSH-TV2
生产厂家	江苏省无线电科学研究所有限公司
测量范围	0～100 mm
分辨力	0.1 mm
最大允许误差	±1.5%FS(满量程)
供电	9～15 V
输出信号	4～20 mA
传感器尺寸	∅100 mm×155 mm

百叶箱内蒸发传感器接线见图 2.8，采集器端测量黄和棕两根线信号输出。主采集器配置标准电阻，可将蒸发传感器输出电流信号转换为电压信号，范围为 0.5～2.5 V，电压与水位的关系满足

$$H = 50 \times (U - 0.5)$$

式中，H 为蒸发水位高度，U 为标准电阻两端测量的电压。

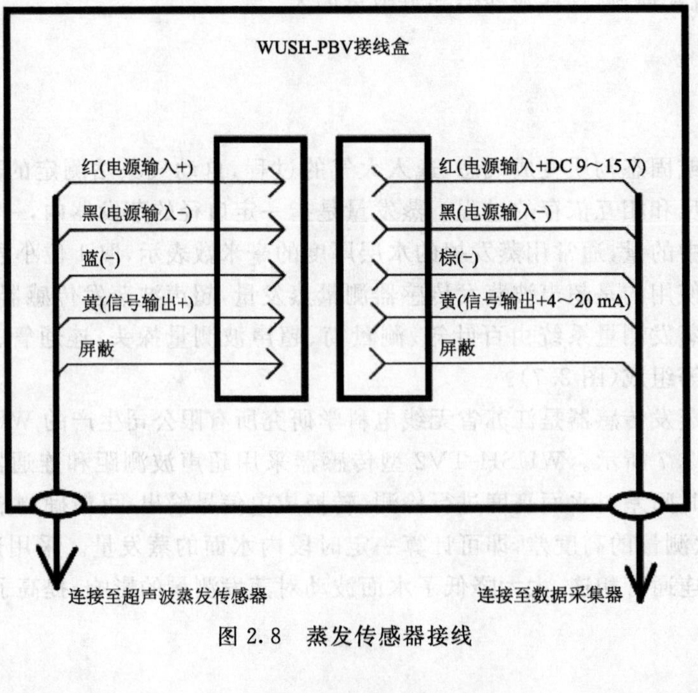

图 2.8 蒸发传感器接线

计算得出的水位与通过 sample 命令获取的返回值一致，说明蒸发传感器正常，反之则蒸发传感器故障。

蒸发器和测量筒的表面积约为 3058.1 cm^2，雨量量杯表面积为 314 cm^2，面积之比约为 10∶1，即雨量量杯 10 mm 水倒入蒸发器，使得蒸发器水位上升 1 mm。

蒸发传感器应定期维护，蒸发桶定期换水，检查清理测量桶内异物，注意控制蒸发桶水位，避免过高溢流和过低影响蒸发量测量准确性的情况。

2.8　能见度

能见度是气象观测的常规项目，是表征近地表大气透明程度的一个重要物理量。在气象学中，能见度是识别气团特性的重要参数之一，代表当时的大气光学状态。能见度和天气变化有紧密的关系，在天气预报和环境监测上都有实际意义，能见度用气象光学视程表示。气象光学视程是指白炽灯发出色温为 2700 K 的平行光束的光通量，在大气中削弱至初始值的 5%所通过的路径长度，以米(m)为单位。海南省自动气象站用的能见度测量仪器是 DNQ1 型前向散射能见度仪，其技术指标见表 2.8。

表 2.8　能见度仪技术指标

型号/技术指标	DNQ1 型
生产厂家	华云升达(北京)气象科技有限责任公司
测量范围	10 ～35000 m，10 ～50000 m
分辨力	1 m
最大允许误差	±10%，10 ～10000 m； ±20%，10000 ～35000 m
供电	AC 220 V
通信接口	RS-485、RS-232
传感器尺寸	199 mm×695 mm×404 mm

DNQ1 型前向散射能见度仪是测量气象光学视程(meteorological optical range，MOR)的新一代气象能见度监测设备，硬件结构如图 2.9 所示。发射机由红外线 LED、控制和触发电路、红外线强度传感器和反向散射信号传感器组成。接收机由 PIN 光二极管、前置放大器、电压到频率转换器、反向散射测量光源 LED 以及一些控制和定时电子器件组成。

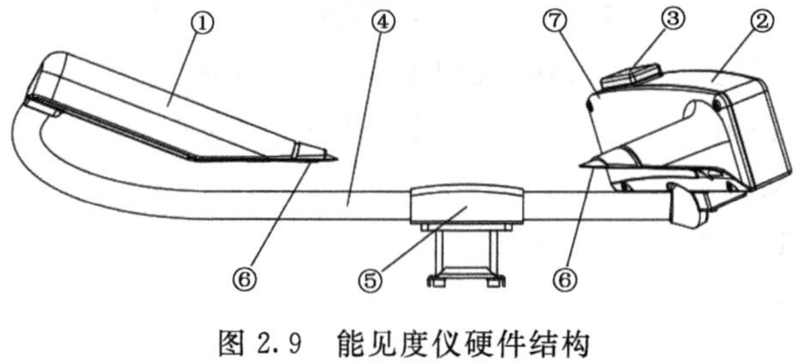

图 2.9　能见度仪硬件结构

(①发射机；②接收机；③天气现象传感器（选配）；④Pt100 温度传感器；
⑤抱箍；⑥加热器(选配)；⑦预留位置)

DNQ1 利用光的散射原理，由发射机发出一束近似平行的红外光，经过空中微粒时发生散射，接收端收到散射光后将采样区内前向散射光汇集到光电传感器的接收面，将光强转换成与大气能见度成反比关系的电信号，电信号进行数据处理，通过测量小体积空气对光的散射系数，得到采样气体的消光系数，再通过专门算法转换为 MOR。

传感器测量的散射光角度为 45°，此角度上对各种不同类型的自然烟雾所产生的响应是非常稳定的。采样区极小，只有 0.1 L，较强降水情况下也能够正常工作（图 2.10）。

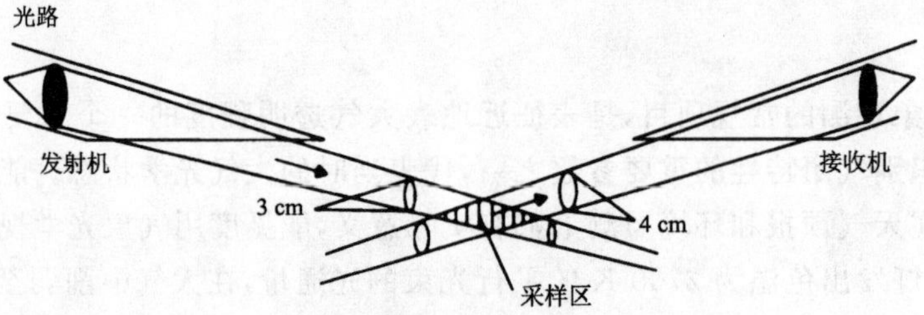

图 2.10　光学原理图

DNQ1 型能见度仪预留 3 根线，颜色黄、绿和灰，通过现场调试接线图与计算机相连（图 2.11）。

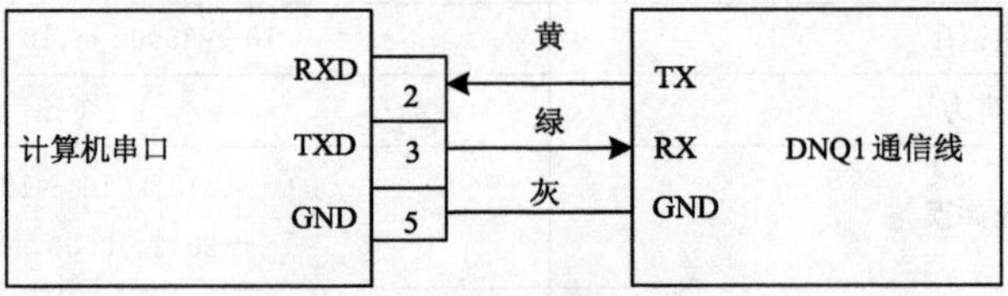

图 2.11　能见度仪现场调试接线

打开串口软件设置通信参数，波特率为 4800，数据位为 8，检验位为无，停止位为 1。输入命令 OPEN 进入调试模式，待软件出现数据反馈后执行下一步操作，能见度仪返回为：OPENED FOR OPERATOR COMMANDS，代表线路已经打开，可以输入其他指令。

（2）键入 STA 命令检查能见度仪状态，返回信息如下：

```
  PWD STATUS
VAISALA PWD20 V 1.07  2005-05-16 SN:C3350001
SIGNAL      13.22 OFFSET     143.90 DRIFT        0.37
REC. BACKSCATTER        1186   CHANGE      194
TR. BACKSCATTER          -0.7   CHANGE    0.0
LEDI     2.8   AMBL      -1.1
VBB     12.6   P12      11.4   M12      -11.2
TS      20.4   TB        19
HARDWARE :
  OK
```

主要看最后一行，HARDWARE 检测的提示应该为 OK，如果不是，查找表 2.9 和表 2.10，请检查硬件设置及传感器光路通道，光路通道中不可有任何障碍物存在，直到提示为 OK，方可认为传感器工作正常。

表 2.9　硬件出错信息

提示信息	表示含义
Backscatter High	接收端或发送端污染信号增加值超过配置参数中设置的阈值
Transmitter Error	LEDI 信号高于 7 V 或低于－8 V
±12V Power Error	接收或发送端电源电压低于 10 V 或高于 14 V
Offset Error	偏频频率＜80 或＞170(PWC10/20)
Signal Error	信号频率＋偏移频率＝0，信号频率－偏移频率＜－1
Receiver Error	接收端背景光测量信号太弱
Data RAM Error	数据存储器读/写检测出错
EEPROM Error	EEPROM 校验和出错
Ts Sensor Error	温度测量超范围
Luminance Sensor Error	PWL111 信号超范围

表 2.10　硬件报警信息

报警	表示含义
Backscatter Increased	接收端或发送端污染信号增加值超过配置参数中设置的警告阈值
Transmitter Intensity low	LEDI 信号低于－6 V
Receiver Saturated	AMBL 信号低于－9 V
Offset Drifted	偏移电压漂移
Visibility Not Calibrated	能见度校准系数还未从默认值修改过来

(3)键入 MES 命令查看能见度数据信息，返回信息见图 2.12。

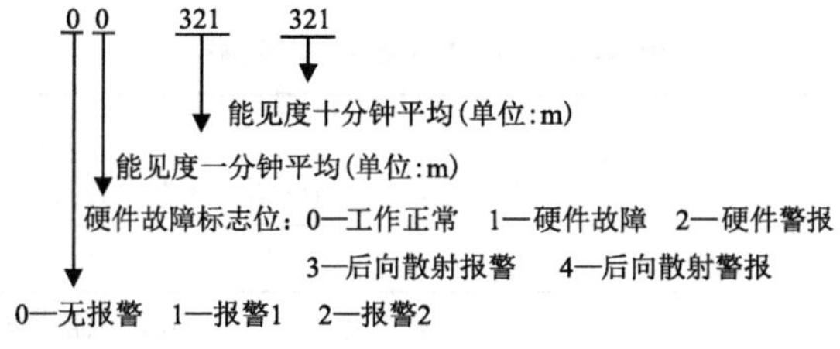

图 2.12　MES 返回信息

正常调试时，一般只要看一分钟平均的数据就可以了。如果返回信息中有散射报警，是 3 的话，说明镜头污染在增加，要在近期进行清洗工作。如果返回信息为 4，则说明镜头污染很严重，必须立刻清理，此时的返回信息中将不会有任何能见度数据，全用缺测符代替。

STA 和 MES 命令可以检测能见度仪是否故障和故障类型，能见度异常时可以通过这两个命令现场调试，经过处理后，硬件出错和报警信息仍存在，就要考虑更换能见度仪。

2.9 降水现象仪

降水现象是指液态和/或固态的水汽凝结物或冻结物从云中或空中降落到地面的现象。降水类天气现象有8种，其中液态降水有雨、阵雨和毛毛雨，固态降水有雪、阵雪和冰雹，混合型降水有雨夹雪和阵性雨夹雪。

海南省自动气象站用OTT型降水现象仪来观测天气现象。OTT型降水现象仪传感器是德国原装进口的，是以现代化的激光技术为基础的光学测量装置，集雨滴谱分析仪、天气现象识别仪等多功能于一体的高性能传感器，技术指标见表2.11。其设计高度同质的激光带提供了高精确性，Y型设计防止降水飞溅，密封保护IP67级可抵御盐水、盐雾侵蚀。

降水现象仪防护罩内有激光发生器和激光接收器两部分光学器件，见图2.13。发生器发射水平激光束，当激光束被遮挡时，接收端的能量就会降低。当粒子中心(即圆形粒子标记的中心位置)与激光束的水平中心重合时，激光束被遮挡的面积最大，接收端的电压达到最低值。此时根据激光束自身的宽度及电压下降的比例，计算粒子直径(D)。当接收端的电压开始降低，到恢复正常，经过时间t。粒子此时走过的路程认为是粒子的直径(D)。根据路程与时间公式：$V=s/t$，计算粒子速度(V)。最终，根据降水粒子的直径与速度的差别来识别不同的天气现象。

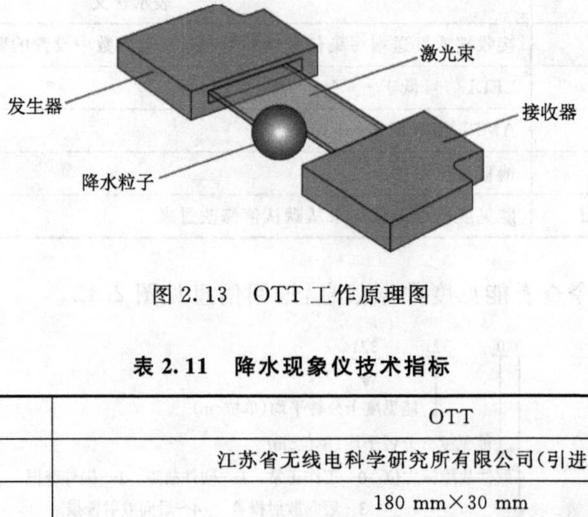

图2.13 OTT工作原理图

表2.11 降水现象仪技术指标

型号/技术指标	OTT
生产厂家	江苏省无线电科学研究所有限公司(引进德国产品)
测量区域	180 mm×30 mm
测量量程	粒子直径：0.2～5.0 mm(液态降水)； 粒子直径：0.2～25.0 mm(固态降水)； 粒子速度：0.2～20.0 m/s
降水类型识别准确率	冻雨、雨、冰雹、雪的自动识别准确率大于人工专业观测准确率的97%
测雨强度	0.001～1200.000 mm/h
雨量精度	±5%(液态降水)；±20%(固态降水)
供电	DC:10 ～28 V
通信接口	RS-485、SDI 12、脉冲输出、USB2.0
传感器尺寸	670 mm×600 mm×114 mm

设备维护人员每隔一段时间需要检查降水现象仪的传感器周围是否有障碍物遮挡，并查看传感器的发射端与接收端是否有蜘蛛网或者纸屑之类的东西挡住镜头。由于环境因素，空气可能对激光的保护镜造成污染，其结果可能使传感器的工作能力大幅度下降。

降水现象仪无数据时，需要检查供电箱和线路情况。供电箱将 220 V 交流电转化为 24 V 直流电，利用电源控制器分别给采集器和传感器供电。电源控制器作为交流和直流转换的核心，是重点检测部分。

降水现象仪数据异常时，打开地面气象观测(surface meteorological observation，SMO)软件串口调试终端选择降水现象仪端口，输入“READDATA”命令查看设备状态信息，其中的代码与相应意义如下：0 表示一切正常；1 表示激光保护镜被污染，但仍可用于测量；2 表示激光保护镜受到污染，部分被遮蔽，无法继续用于测量，根据提示信息进行镜头维护。

第3章　气象计量测试方法

本章结合计量检定规程和核查方法，描述了温度、湿度、气压、风向风速、雨量、蒸发、能见度和降水现象仪的计量测试方法，中间加入设备使用操作，以及雨量和气压超差调整方法，用以指导本省气象仪器的检定和现场核查，保证探测数据准确可靠。移动计量车上的温度、湿度和气压标准器自带显示屏，溯源到省级计量标准，采用和标准值对比的方法。

3.1　3MS 计量管理系统

气象计量管理系统(Meteorology Metrology Management System，简称 3MS)是省级气象计量检定业务系统，运用计算机实现计量检测的自动化和信息化管理，涵盖仪器送检登记、温度湿度和气压检定软件及检定数据库，数据记录和处理，提供涉及检定活动的各种查询和检索功能，支持证书自动生成、数字签名和批量打印，实现了对自动气象站各传感器的自动化检定、数据的集中管理，具有检定过程无须人工干预，大幅度提高了检定质量和效率，消除了人为误差，检定数据准确可靠。

3MS 包括计量业务管理子系统和温湿压自动化检定业务子系统两部分，本节介绍计量业务管理子系统，包括仪器送检登记(图 3.1)、仪器交接(图 3.2)、仪器信息修改(图 3.3)、仪器挑选(图 3.4)、仪器审核批准(图 3.5)和证书打印(图 3.6)，自动化检定业务子系统在后面相应版块介绍。

1. 仪器送检登记

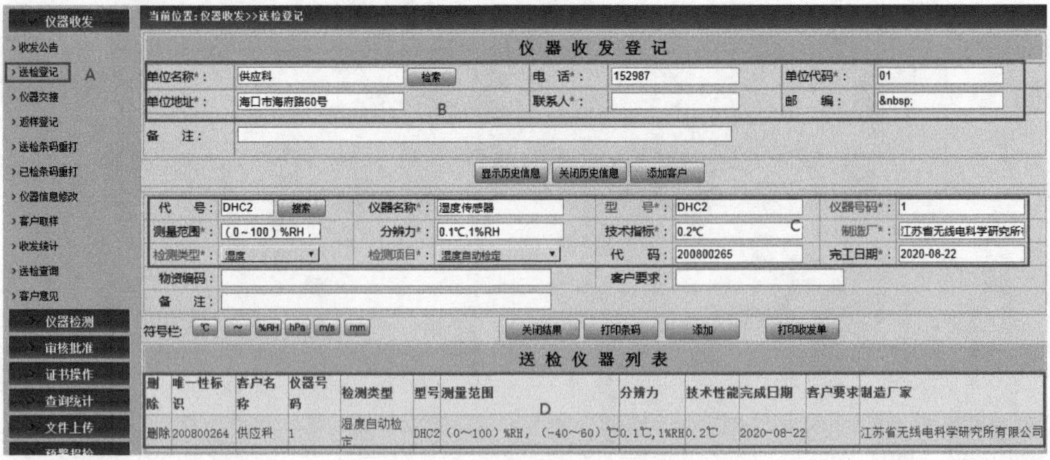

图 3.1　仪器送检登记

A:点击左侧导航栏“送检登记”。

B:点击“检索”,显示送检单位列表,选择后,送检单位信息自动添加。

C:选择检测类型和检测项目后,点击“搜索”,显示此检测项目下的所有列表,选择对应传感器型号,其参数会自动填写。

D:在 C 中输入仪器号码,点击“添加”之后,“送检仪器列表”即可出现上步登记的送检仪器和单位的信息。

2. 仪器交接

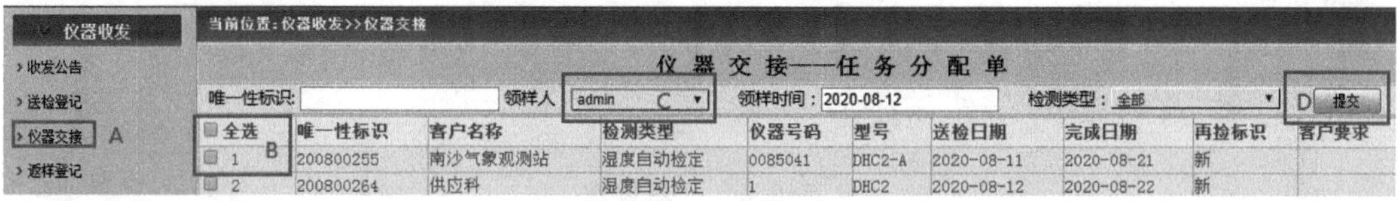

图 3.2　仪器交接

A:点击左侧导航栏“仪器交接”。

B:选择交接的仪器。

C:领样人:就是有权限接收这些仪器,并进行检定操作的人员。

D:点击“提交”,仪器就会出现在仪器挑选模块的“未选择待检仪器列表”。

3. 仪器信息修改

当某种原因导致仪器信息有误时,可以通过这个功能来修改,提供了客户名称、仪器号码、型号、测量范围、分辨力、技术性能等多项信息的修改功能。

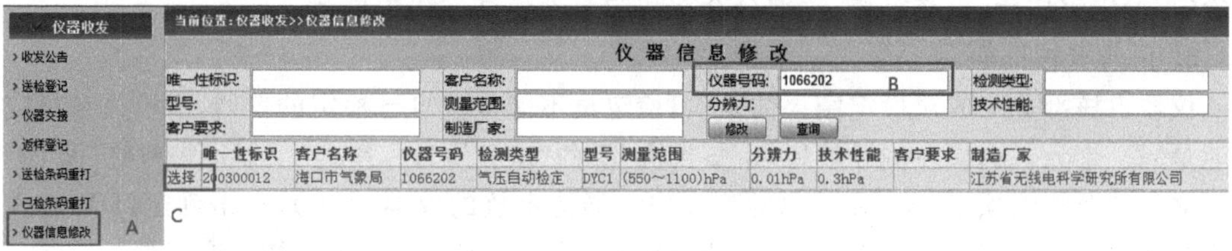

图 3.3　仪器信息修改

A:点击左侧导航栏“仪器信息修改”。

B:可以通过客户名称(单位名称)、仪器号码来检索符合条件的仪器信息,客户名称支持模糊查询,可以不输入全称,输入仪器信息,点击“查询”,仪器和单位信息显示出来。

C:点击“选择”,仪器信息全部显示在文本框中,可编辑修改。

4. 仪器挑选

A:点击左侧导航栏“仪器检测”。

B:点击“仪器挑选”。

C:选择检测类型和检测项目,温度检测类型对应温度自动检定检测项目,湿度和气压同样对应自动检定。

D:在“计量标准列表”“标准器列表”“检定规程列表”中选择对应的选项,要认真选择,若选择错误,会影响证书内容,系统上无法更改。

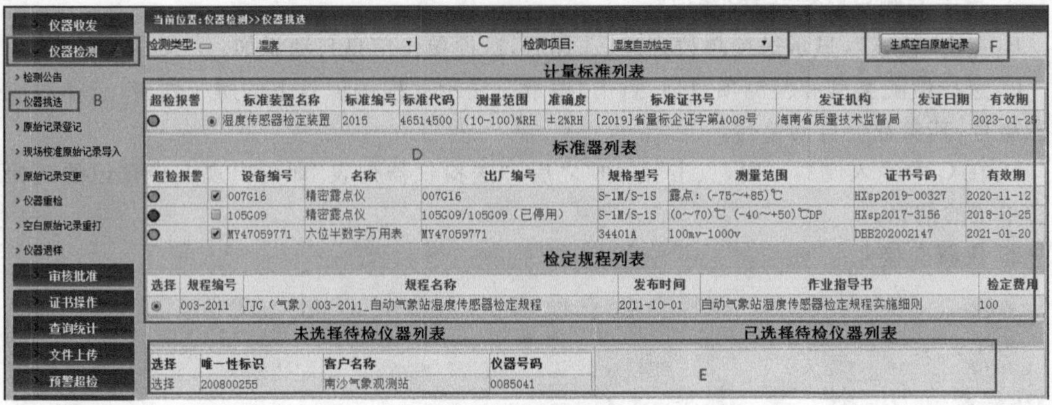

图 3.4　仪器挑选

E：将需要检定的仪器点击“选择”，就转到“已选择待检仪器列表”中，一次检定多少就选多少，避免出现混乱。

F：单击“生成空白原始记录”按键，系统生成原始记录编号、证书编号和原始记录页号等几项重要的信息，并更新到数据库。

检定员检定时需要进行两次仪器挑选：其一，在检定系统管理子系统上挑选，主要是生成原始记录编号和证书编号。其二，在自动检定系统中挑选，确保待检仪器在软件中的检定位置与实际硬件连接的仪器对应，这一步十分重要，挑选错误将导致被检仪器的数据错位。

仪器挑选后，打开自动检定软件，登录用户名密码，设置好检定点、系统参数，挑选仪器，进行检定，检定完成后，提交审核，这部分会在相应要素测试方法中描述。

5. 仪器审核批准

仪器审核部分完成对检定结果的复核，检定员不能审核自己检定的仪器，审核人和检定员不能是同一个人。选择左侧导航栏“审核批准”下的“审核”(A)，弹出“仪器审核挑选”页面，选择检测类型及检测项目(B)，在列出的列表中选择待审核的仪器后(C)，点击确定(D)，进入相应检测项目的仪器审核工作页面，全部仪器审核完毕后，工作页面审核按钮变灰色。

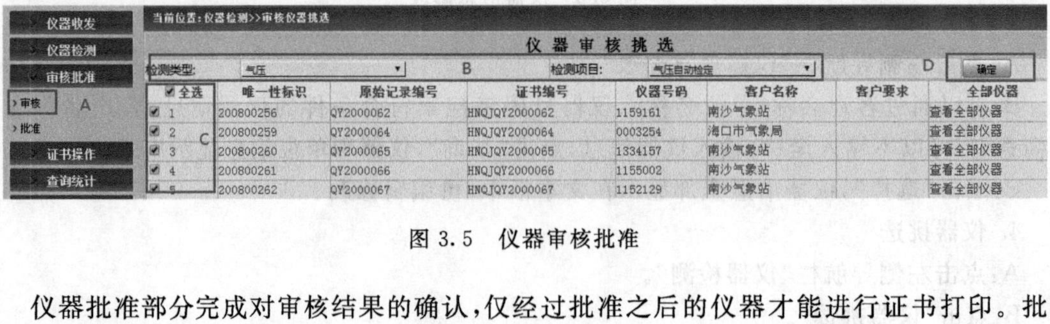

图 3.5　仪器审核批准

仪器批准部分完成对审核结果的确认，仅经过批准之后的仪器才能进行证书打印。批准操作和审核完全相同，区别在于“批准”和“审核”两字。

6. 证书打印

选择左侧导航栏“证书操作”下的“证书打印”，弹出“证书打印仪器挑选”页面，选择检测类型及检测项目和送检时间的范围列出符合的仪器信息，选择待打印的仪器(最多一次可选 32 个)后，点击“打印”，进入相应证书预览界面。

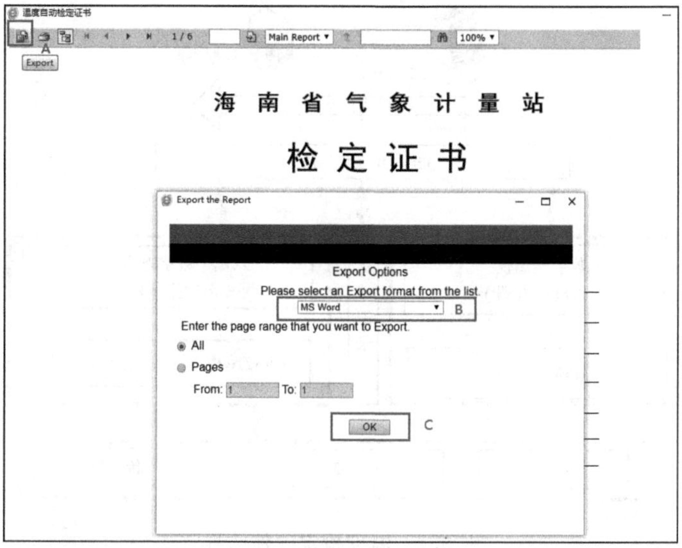

图 3.6　证书打印

点击左上角导出按钮(A),弹出对话框,选择证书导出格式(B),点击“OK”(C),得到证书Word 版,可批量打印,提高效率。

3.2　温度传感器计量测试方法

1. 概述

本方法适用于四线制铂电阻温度传感器、带航空插头的气温传感器、温湿度传感器温度部分的检定、校准和测试。温度传感器的检定周期一般为 2 年,当发现温度测量值异常时,须提前测试。自动气象站温度传感器气温最大允许误差为±0.2 ℃,地温最大允许误差为±0.3 ℃。

2. 设备

温度检定硬件设备主要由 DIGI PortServer TS 16(简称 TS16)、控制主机、制冷恒温槽、温度标准器、Agilent 34401A 万用表、AS3210 模拟开关设备等组成,如图 3.7 所示,可实现同时检定 32 支传感器。

TS16 串口服务器可以将 RS-232/485/422 串口转换成 RJ45 网络接口,使串口设备联网通信,极大地提高了传输速率和扩展了通信距离。TS16 串口服务器在 PC 机上虚拟出的 16 个串口和 TS16 上的 16 个物理串口对应,如图 3.8 和图 3.9 所示。进行检定软件更新时,要记下各设备对应的串口号。

WLR-2D 制冷恒温槽是一种高精度自控式双槽恒温装置,采用 PID 调节控制,温度波动度和均匀性优于 0.01 ℃。当槽液温度低于 40 ℃时,主要由本身制冷系统产生冷量,由控制系统调节加热进行补偿,因此,制冷开关应处于打开状态;槽液温度高于 40 ℃时,利用槽液与环境的温差进行散热,此时应关闭制冷开关,以免损坏制冷压缩机。WLR-2D 独特的双筒上搅拌循环方式,使得温度场更加均匀,工作时必须开启搅拌功能。

WLR-2D 制冷恒温槽支持温度自动和手动控制。温度自动控制操作简单,只需在检定软

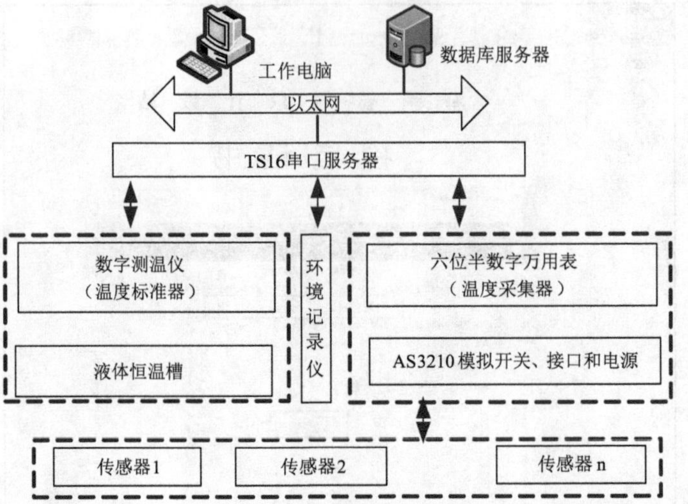

图 3.7　温度检定硬件结构

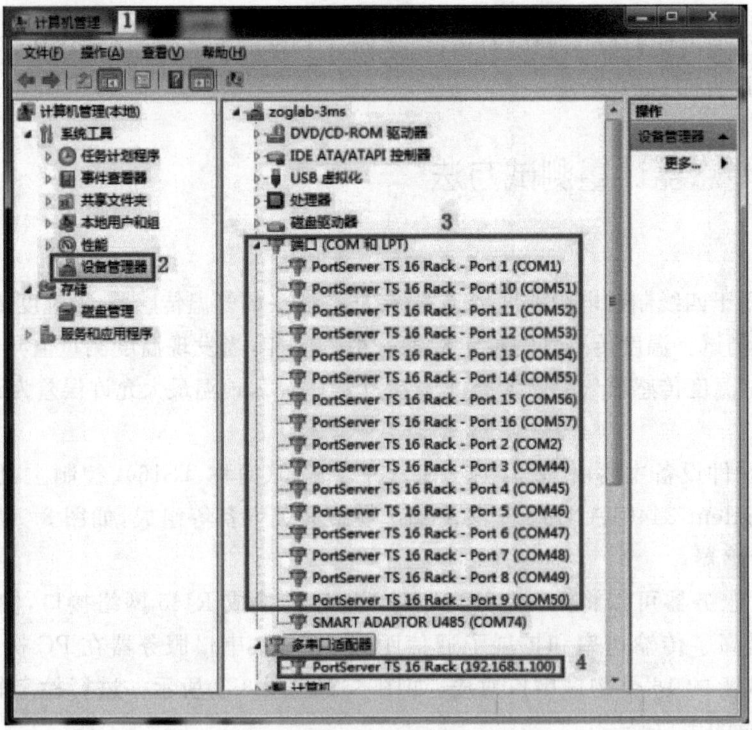

图 3.8　PC 虚拟口

件中设定检定点，开始检定后，恒温槽就会自动控制槽温到第一个检定点，达到稳定状态后，软件进行数据采集和处理，而后控制槽温到下一个检定点，直到控制温度到最后一个检定点。手动控制需要在恒温槽控制面板(图 3.10)上进行操作。

按◀键一次，SV 窗口小数点闪烁，再按一次，闪烁的小数点向左移动一位，当闪烁的小

图 3.9　串口服务器 16 个物理口

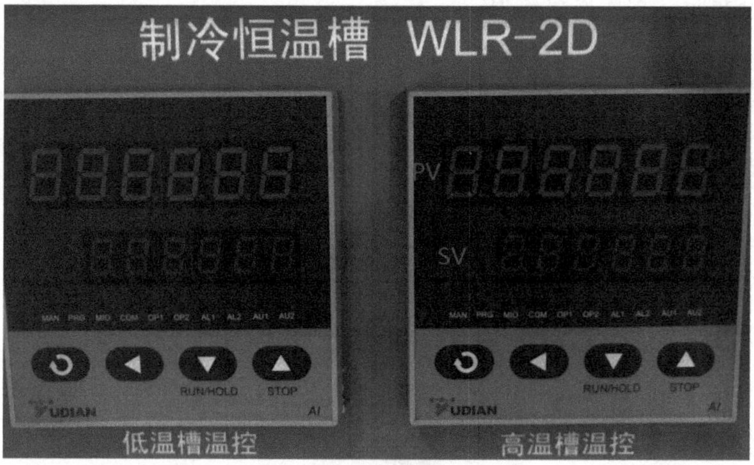

图 3.10　恒温槽控制面板

数点移动到最左位时，再按一次，闪烁的小数点又回到最右位。根据需要设定的温度值，把小数点调到相应的数位下面，按和进行数值设定，设定完毕后按确认，闪烁的小数点隐退，恒温槽开始控温。

3. 环境

《自动气象站铂电阻温度传感器》(JJG(气象)002—2015) 检定规程要求室内检定温度为 15～30 ℃，环境湿度为 30%～80%。

4. 准备

(1)检查电源线和网线的连接是否正常。检查机柜内部的机箱，设备之间的连接线上是否有松动等异常，接通电源。若使用的温度标准器是 SWJ 型两路测温，开机后，前面板数码管、键灯和负号灯全亮，需要按【T】键，【T】键灯亮，显示 A 路温度值，按【切换】键一次，显示 B 路温度值，再按【切换】键一次，A 路和 B 路交替显示。

(2)目测传感器是否受到过挤压或踩压，尤其是传感器头部(敏感部位)要认真检查，检查外表涂层是否牢固，无显著锈蚀，仔细检查信号电缆与传感器连接处的密封程度，能够浸入水或酒精中正常工作。

(3)地温(气温)传感器接头为裸线，可直接接到机柜抽屉中。非裸线的传感器，可使用转接线，接至机柜。将待检的温度传感器和标准表传感器放入温度槽中，注意页面不要超过标准表探头根部，即引出导线部分，原因是探头根部不防水。

(4)打开温度自动检定系统软件，进行参数设置。

系统参数设置

使用领样人的身份打开自动检定软件，如图 3.11 所示，单击“检定参数管理”，打开“系统参数”(A)，选择“检定”工作模式(B)，因温度传感器输出为模拟信号，选择“ANALOG”(C)，智能电源供电输入 12 V(D)，勾选上“基于业务平台运行模式”，如果之前没有勾选的，则勾选后软件需要重新启动。勾选上表示软件需要配合业务平台才能做检定，在业务平台上收发的仪器就会在软件上出现，如果不勾选，则表示不需要业务平台支持，可以独立地做检定，但是数据不会录入数据库，也没有证书，检定过程温度曲线参数设置(E)，“数据库服务器参数”要正确填写(F)，否则会提示数据库连接错误。

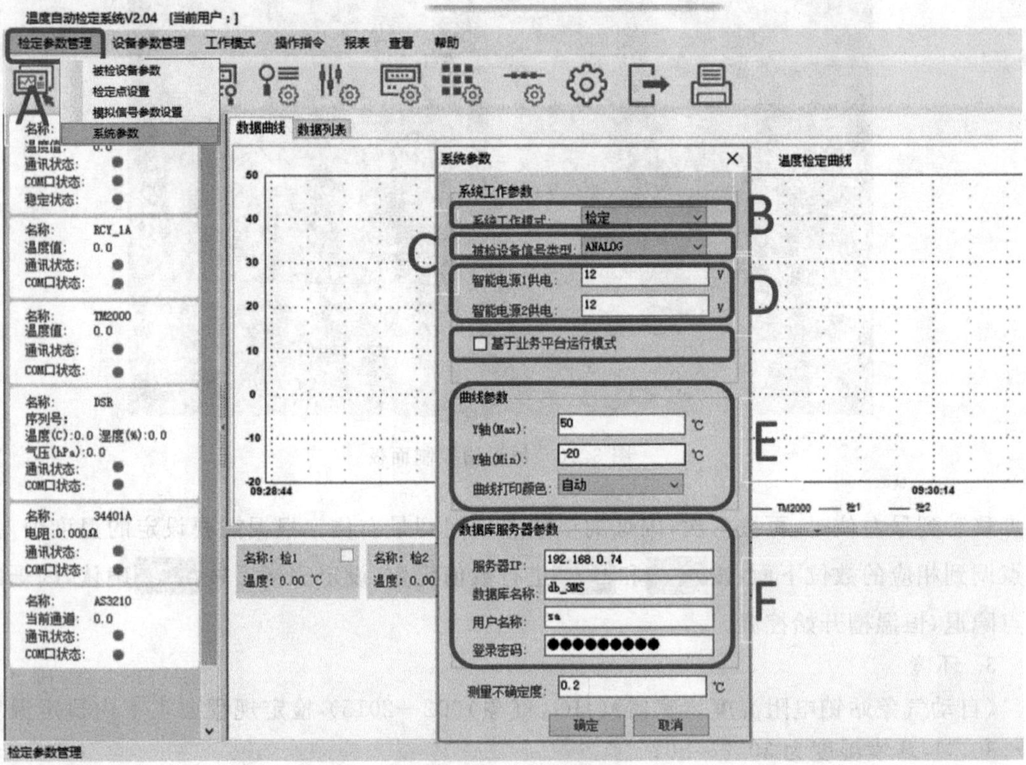

图 3.11　系统参数设置

检定点设置

检定点参数是检定时系统用来控制温度的依据，包括检定序号、检定点、读数次数、稳定时间、稳定判断条件、合格判定范围等。检定规程指出应按温度传感器使用范围选择检定点，结合海南省实际，温度检定点为−10 ℃、0 ℃、20 ℃和 50 ℃ 4 个点。

设备参数设置

设备参数在部署时已经填写，不需要改动，串口号是串口服务器虚拟出来的。需要注意的是，温度标准器要根据上级检定/校准证书，填写修正值，SWJ 型标准器波特率为 1200 或者 2400，RCY-1A 波特率为 2400，更改后重启软件生效(图 3.12)。

5. 计量测试

运行温度自动检定系统软件，进入检定主界面，单击［操作指令］菜单的［仪器选择］子菜单，或者点击菜单栏左边快捷图标，弹出仪器挑选界面，鼠标双击左侧列表，自动添加到右侧已挑选的仪器，如图 3.13 所示。

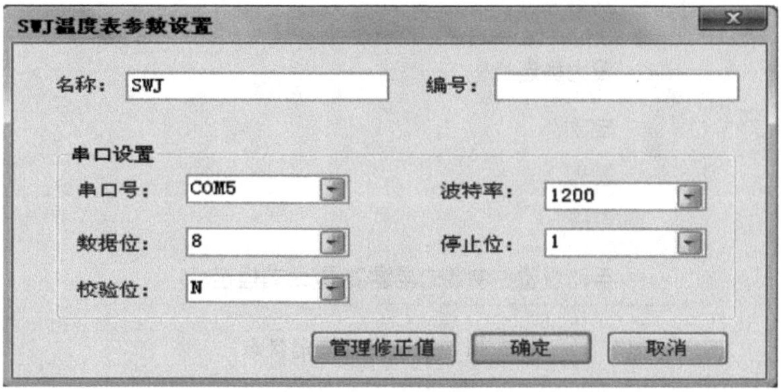

图 3.12　设备参数

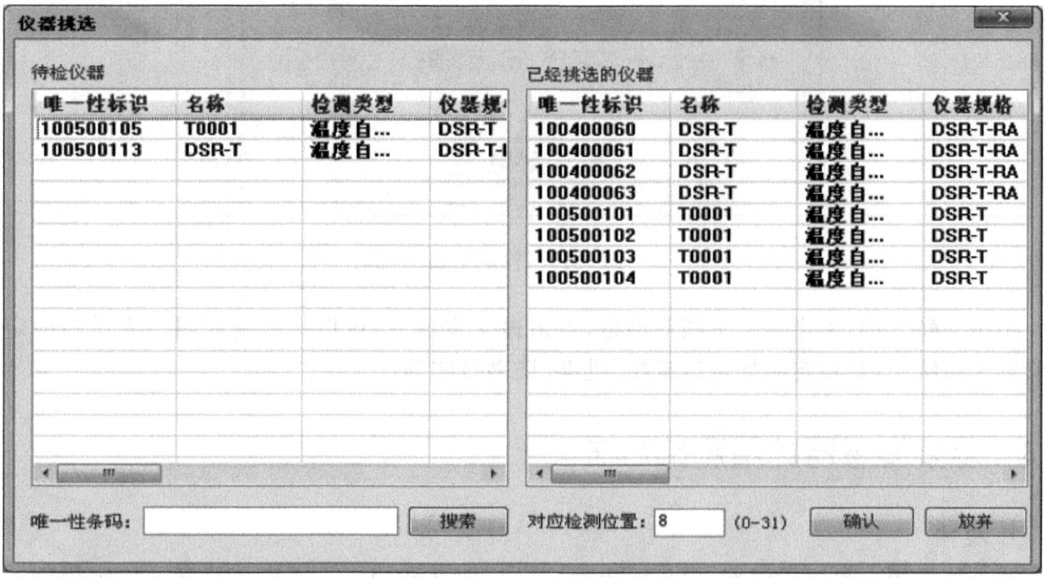

图 3.13　仪器挑选

单击快捷图标 ▶ 按钮或[操作指令]菜单的[启动]子菜单，查看系统各个设备的 COM 口的初始化状态是否成功，绿色指示表示成功，红色指示表示初始化失败，可能为相应的串口不存在或串口存在冲突。状态灯都变成绿色，表示所有设备运行正常，开始进入自动检定状态。

系统按照预设的检定点，依次检定，达到稳定状态后，每个检定点读取 4 次被检表和标准表值计算平均值。当标准值和被检值温度示值不再变化，但左侧工具栏恒温水槽稳定状态指示灯仍为红色时，可以点击[操作指令]菜单的[设为稳定状态]子菜单，手动使系统内进入稳定状态(图 3.14)，缩短检定时间。

当完成全部的检定点的检定工作后，系统自动统计检定时间，进行数据处理，并提交到数据库保存数据，弹出界面提示检定完成，提示共耗多少时间，见图 3.15。

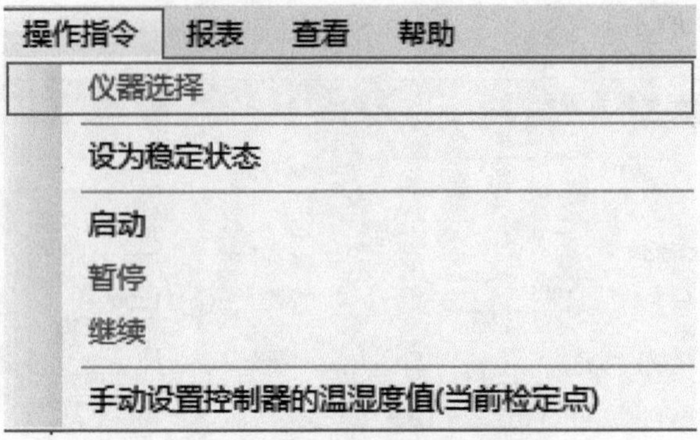

图 3.14　手动设置稳定状态

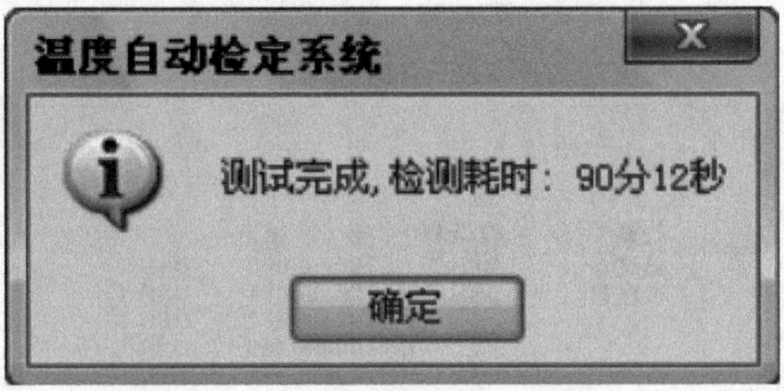

图 3.15　检定完成

单击“确定”键，弹出提交审核对话框，点击提交审核后，可以由相应权限的人员在检定业务管理子系统中，对检定结果进行审核、批准、证书打印等。

3.3　湿度传感器计量测试方法

1. 概述

本方法适用于湿度传感器(电压输出型)检定、校准和测试。湿度传感器的检定周期一般为 1 年，当发现湿度测量值异常时，须提前测试。自动气象站湿度传感器最大允许误差为 ±4％(≤80％时)、±8％(＞80％时)。

2. 设备

湿度检定硬件结构和温度相似，多了一个智能电源给传感器供电。主要由 TS16、控制主机、湿度发生器、精密露点仪(标准器)、Agilent 34401A 万用表、AS1600 模拟开关设备和 SP800 智能电源等组成，硬件结构图不再赘述。

L-PRH2 型湿度发生器是在一定的温度、压力下，利用气液、气固两相平衡，使用压力流量混合原理，产生稳定可靠的湿气源，较原来的伟思富奇气候试验箱具有快速响应、高稳定、高精度的特点。湿度发生器数字的通信和输出采用 RS-485 的形式，支持全自动操作模式，只需在检定软件中设定湿度点即可。开始检定后，计算机就会自动控制湿度发生器到第一个检定点，达到稳定状态后，软件进行数据采集和处理，而后控制湿度发生器到下一个检定点，直到控制湿度到最后一个检定点。

湿度发生器支持触摸屏控制以及设定温度和湿度，如图 3.16 所示。

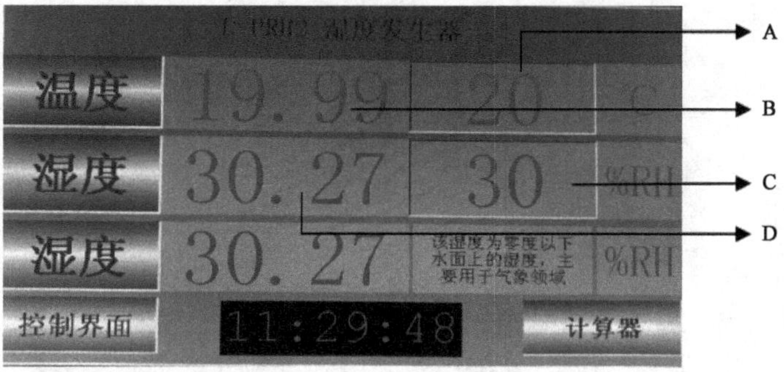

图 3.16　湿度发生器控制面板

A：温度设定：点击该输入框屏幕会跳出数字输入键盘，在键盘上点击输入需要设定的温度值，机器会根据温度设定值自动将机器的温度调节到设定值。注意进行该操作前要确保机器已经加注满防冻液或纯净水，否则会烧断加热棒。

B：温度测量值：温度测量值显示框为当前恒温槽体温度。

C：湿度设定：湿度设定和温度设定相似，机器会根据湿度设定值自动将机器的温度调节到设定值。

D：湿度计算值(水面)：当设定温度为 0 ℃以下时，湿度计算取水面上的饱和水汽压，该标准主要用于气象系统。温度为 0 ℃以上时，数值和测试室的当前湿度相同。

湿度发生器有加液口，见图 3.17，用来加入防冻液，作用是控制槽体温度，槽体容积为 50 L，防冻液可用纯净水代替，加液时无须开机。将配件中的溢流软管连接到机器背板左侧中部的防冻液溢流口，将管口放入接液桶中，将防冻液从机器顶面的防冻液加注口进行加注(配件中有大漏斗，将大漏斗插入防冻液加注口)，直到防冻液距离加注口底端 1 cm，或者有防冻液从溢流口溢出为止。必须注满防冻液，防止烧断加热管，无法控制温度。机器长期不使用时，必须将恒温槽中的工作介质排除干净，要在开机状态下进行，将溢流软管管口放入接液桶，将温度设定值设定到－35 ℃，点击主界面上的控制界面，进入控制界面，如图 3.18 所示，关闭所有制冷，点击排液，当排液完成时，要及时关闭电源。

图 3.17　加液口和加水口等

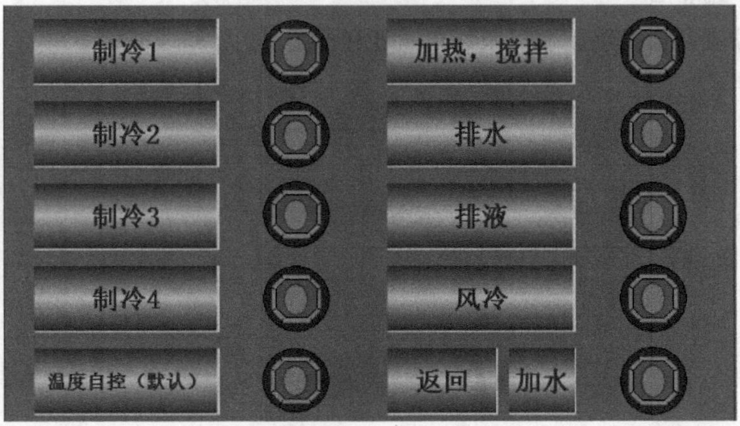

图 3.18　控制界面

湿度发生器有加水口，是为饱和器加水的入口，必须加入纯净水，因纯净水不会结垢、变质，使用周期比较长。加水时要开机进行，机器背板左侧排水口管口放入溢流桶，使用配件中注射器吸取适量纯净水，打开加水口盖和触控屏控制界面上的排水按钮，打开排水泵，将湿度设为低湿(5%左右)，使用注射器将纯净水注入饱和器加水口，拧紧加水口盖。加水后 2 h 可以开始测试。

在实际使用过程中，遇到过两种故障现象(表 3.1)，一种是精密露点仪在同一湿度点测量的值较前段时间偏小，这是饱和器缺水所致，解决方法是按加水操作方法加入纯净水；另一种是湿度达不到设定点湿度值(图 3.19)，机器会出现漏气声，因机器工作声音比较大，漏气点不好查找，检查管路各处连接处，检查各处减压阀，逐一排除。

表 3.1　故障与排除表

故障现象	故障原因	排除故障方法
标准器湿度值偏低	饱和器缺水	饱和器加注纯净水
湿度达不到设定点	气路有泄漏	检查管路各处连接处，检查各处减压阀

L-PRH2 湿度发生器			
温度	20.00	20	℃
湿度	92.30	95	%
湿度	92.30	该湿度为0 ℃以下水面上的湿度，主要用于气象领域	%

图 3.19　气路泄漏界面

3. 环境

中国气象局部门计量检定规程《自动气象站湿度传感器》(JJG(气象)003—2011)中没有

指明对检定环境的要求，湿度发生器运行环境是环境温度 10～30 ℃，环境湿度不大于 95%，湿度实验室环境可以满足要求。

4. 准备

(1)将防冻液加注口盖打开，检查防冻液液位是否过低，如果液位过低需要添加防冻液，将饱和器加排水口盖旋紧。检查空气压缩机和湿度发生器之间的气管是否连接好。

(2)露点仪的进气管连接到湿度发生器的测试室取气。被测设备的探头部分从测试室顶部的开孔放进去，插入深度 20～30 cm，被测设备航空插头或裸线部分直接接入转接盒。注意：加热型的湿度传感器需要把温度探头也放入测试室中，进行温度补偿，不放入，误差在 10%以上，检定不合格。打开空气压缩的电源开关，按下发生器面板电源，绿色指示灯亮起。

(3)传感器外形结构应完好，表面不应有明显的凹迹、外伤、裂缝、变形等现象，应有型号、出厂编号等明显标志。对于使用过的湿度传感器，重点检查过滤膜保护层是否有污染现象，若污染严重应更换新的过滤膜。

(4)打开湿度自动检定系统软件，进行参数设置。

系统参数设置

使用领样人的身份打开自动检定软件，如图 3.20 所示，单击“检定参数管理”，打开“系统参数”，选择“检定”工作模式，因湿度传感器输出为模拟信号，选择“ANALOG”，智能电源供电输入 12 V，勾选上“基于业务平台运行模式”，数据会录入数据库，生成证书，检定过程湿度曲线参数设置，“数据库服务器参数”要正确填写，否则会提示数据库连接错误。

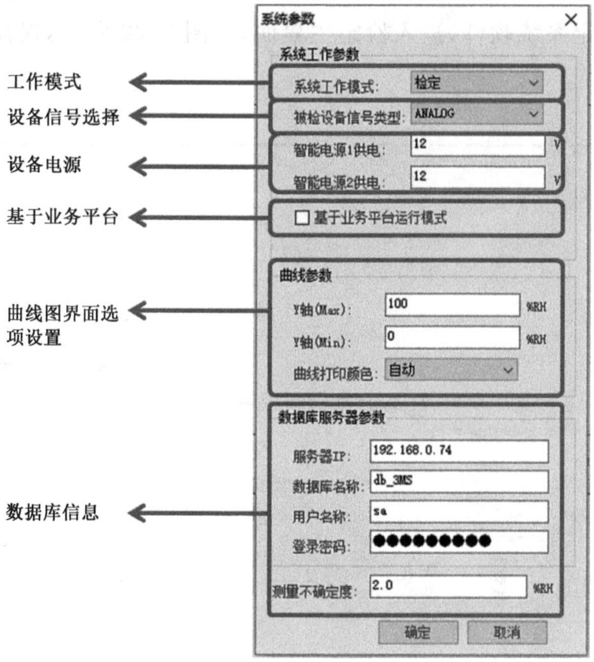

图 3.20　系统参数设置

检定点设置

检定点参数是检定时系统用来控制湿度和采集数据的依据，包括检定序号、检定点、读数次数、稳定时间、稳定判断条件、合格判定范围等，如图 3.21 所示。检定规程中湿度检定点及顺序为 30%、40%、55%、75%、95%，其顺序为先低湿逐点到高湿，再从高湿逐点降至低湿(一次循环检定)。

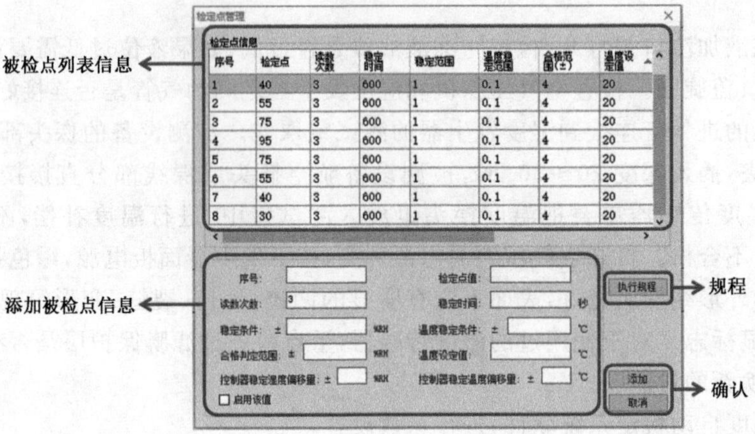

图 3.21 检定点设置

设备参数设置

设备参数在部署时已经填写，不需要改动，串口号是串口服务器虚拟出来的。如需改动，需要查找 TS16 物理串口对应的虚拟串口号。

5. 计量测试

运行湿度自动检定系统软件，进入检定主界面，如图 3.22 所示，仪器挑选和启动都和温度自动检定相似。

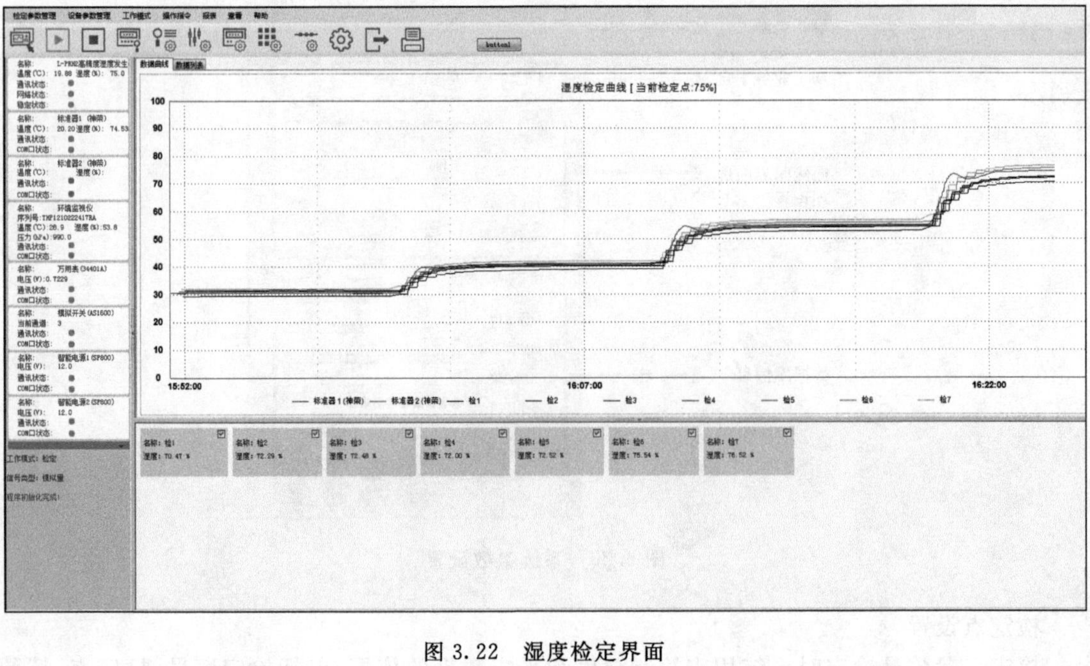

图 3.22 湿度检定界面

系统按照预设的检定点依次检定，达到稳定状态后，每个检定点读取 3 次被检表和标准表值计算平均值。当标准值和被检值湿度示值不再变化，但左侧工具栏湿度发生器稳定状态指示灯仍为红色时，可以点击[操作指令]菜单的[设为稳定状态]子菜单，手动使系统内进入稳定状态，缩短检定时间。

当完成全部的检定点的检定工作后，系统自动统计检定时间，进行数据处理，并提交到数据库保存数据，弹出界面提示检定完成，提示共耗多少时间。单击“确定”键，弹出提交审核对话框，点击提交审核后，可以由相应权限的人员在检定业务管理子系统中，对检定结果进行审核、批准、证书打印等。

3.4　气压传感器计量测试方法

1. 概述

气压传感器检定规程有《自动站气压传感器检定规程》(JJG(气象)001—2015)和《数字式气压计检定规程》(JJG1084—2013)两个，前者是检定模拟信号输出的气压传感器的依据，后者是检定数字形式输出(显示)的气压传感器的依据。本方法适用于输出模拟量、数字量和自带采集或数显气压传感器检定、校准和测试。气压传感器的检定周期一般为 1 年，当发现气压测量值异常时，须提前测试。自动气象站气压传感器最大允许误差为±0.3 hPa。

2. 设备

气压检定硬件结构和湿度相似，主要由 TS16、控制主机、压力校准仪、数字气压计 745(标准器)、Agilent 34401A 万用表、AS800 模拟开关设备和 SP800 智能电源等组成，可实现同时检定 8 支传感器。

气压接口模块的接线指示，如图 3.23 和图 3.24 所示。

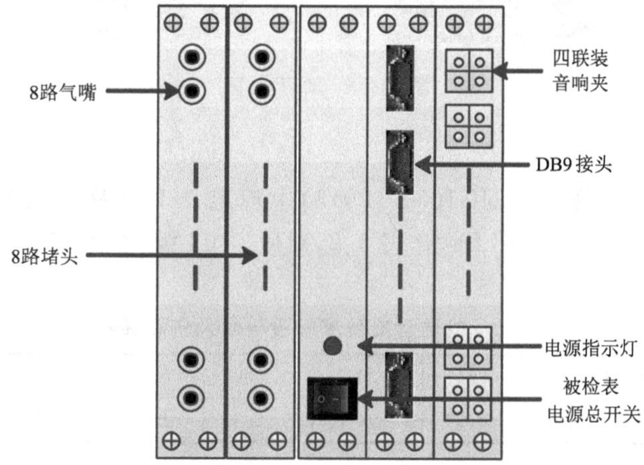

图 3.23　气压接口模块示意图

注意：图 3.25a 为 DB9 公头，模拟和数字量通信接口，适用于连接 PTB220\PTB330\DYC1。图 3.25b 为四联装音响夹，为数字通信接口，和旁边的 DB9 公头共用，可连接数字量的 PTB210 传感器。

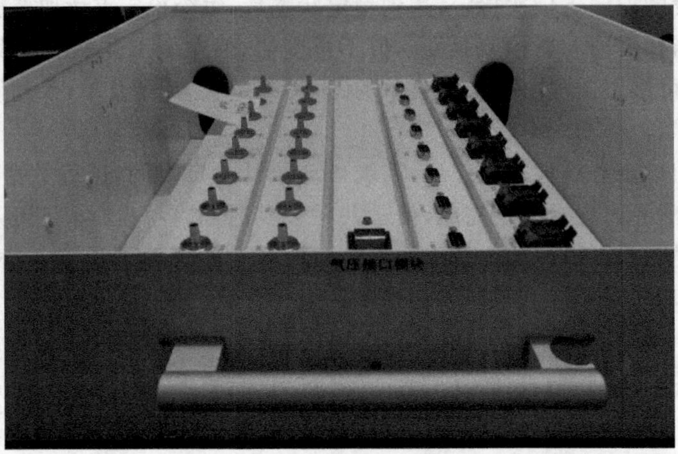

图 3.24　气压接口模块

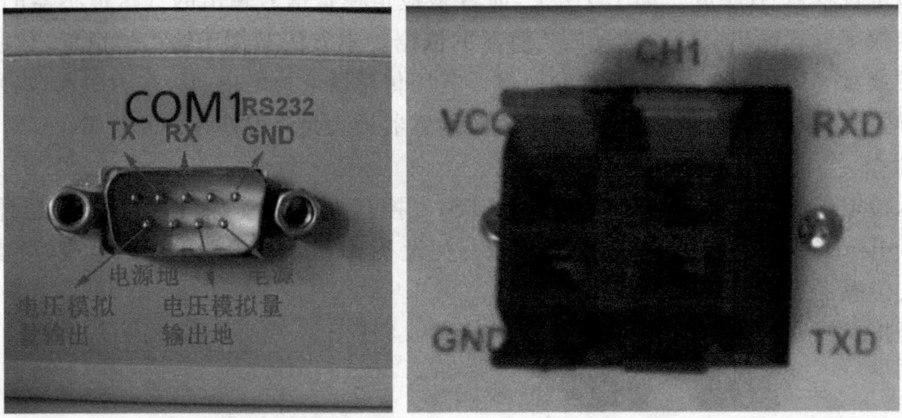

图 3.25　接口细节

3. 环境

《数字式气压计检定规程》(JJG1084—2013)中规定 0.1 级及以上的气压计环境温度为(20±2)℃，最大允许误差为 0.3 hPa，查表 3.2，对应 0.03 级，在上述范围，参照执行，环境湿度不大于 85%。

表 3.2　气压计准确度等级与最大允许误差

准确度等级	0.01	0.02	0.03	0.04	0.05	0.1	0.2	0.5
最大允许误差(hPa)	±0.10	±0.20	±0.3	±0.4	±0.5	±1.0	±2.0	±5.0

4. 准备

(1)按通用要求进行外观检查。对于使用过的气压传感器，重点检查压力接嘴是否有杂物堵塞，若有杂物堵塞应清除干净。

(2)将传感器接入气压接口模块，九针口直接通过串口线接入 DB9 头，带裸线的 PTB210 接入四联装音响夹，接线对应顺序见表 3.3，气管接入测压孔，如果不满 8 台的话，其他气嘴可以使用气管对接气路堵封处堵住，见图 3.26。被检气压参考位置和标准器参考位置在同一平面。

表 3.3　PTB210 接线

绿色	TX
灰色	RX
粉红	(5～28)VDC
蓝色	GND

图 3.26　气路封堵

(3)检查电源线和网线的连接是否正常。检查机柜内部的机箱，设备之间的连接线上是否有松动等异常。接通电源，标准器电源需要手动打开。

(4)检查系统气密性，一般选择检定系统调压范围的上限和下限压力点，进行气密性检查，气路无漏气声，气压稳定在设定值，说明气密性良好。

(5)打开气压自动检定系统软件，进行参数设置。

系统参数设置

使用领样人的身份打开自动检定软件，如图 3.27 所示，单击“检定参数管理”，打开“系统参数”，选择“检定”工作模式，根据气压传感器输出信号类型，模拟信号选择“ANALOG”，检定系统通过模拟开关和万用表采集其数据，数字信号选择“RS-232”，检定系统通过 RS-232 方式采集数据，智能电源供电输入 12 V，勾选上“基于业务平台运行模式”，数据会录入数据库，自动生成证书。

被检设备参数设置

气压传感器输出信号是数字量的，需要设置被检设备参数，如图 3.28 所示，单击“检定参数管理”，打开“被检设备管理”(A)，选中需要修改的一项，右击或双击可选择修改(B)，根据对应被检设备的要求，填写串口参数，此处的串口号是串口服务器虚拟出来的，要根据设备连接的串口服务器的物理串口查找对应的串口号，PTB220 串口参数通常为(9600,7,E,1;9600,8,N,1 或 2400,8,N,1)，DYC1 串口参数通常为(2400,8,N,1)。

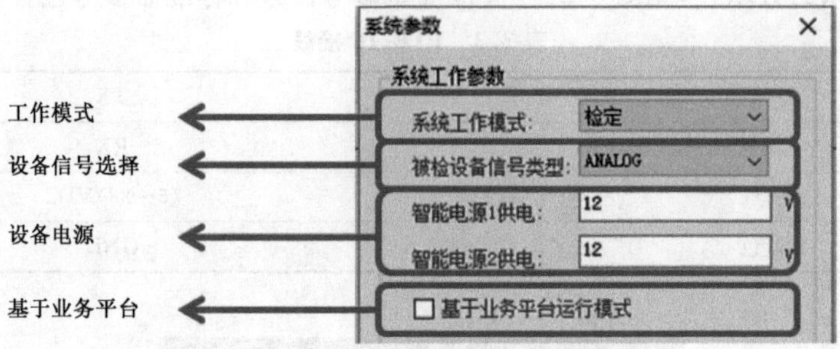

图 3.27　系统参数设置

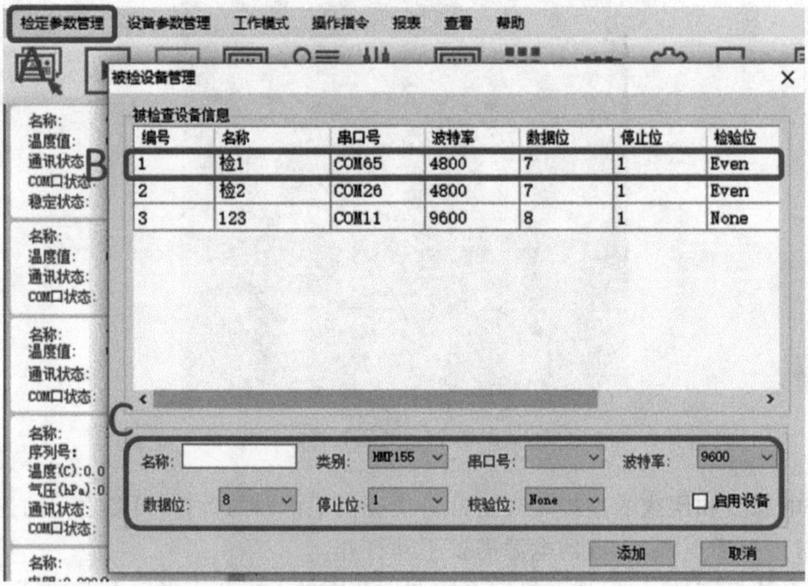

图 3.28　被检设备参数设置

检定点设置

检定点参数是检定时系统用来控制气压和采集数据的依据，包括检定序号、检定点、读数次数、稳定时间、步距、合格判定范围等。

《数字式气压计检定规程》(JJG1084—2013)规定在气压计测量范围内应均匀地选取至少6个整10 hPa检定点，其中应包括测量范围上限点和下限点。最大允许误差≤0.5 hPa的气压计做两次升压(降压)测试，例如，测量范围为500～1100 hPa，压力检定点及调压顺序依次为：500 hPa、600 hPa、700 hPa、800 hPa、900 hPa、1000 hPa、1100 hPa、1100 hPa、1000 hPa、900 hPa、800 hPa、700 hPa、600 hPa、500 hPa(第一次循环)，500 hPa、600 hPa、700 hPa、800 hPa、900 hPa、1000 hPa、1100 hPa、1100 hPa、1000 hPa、900 hPa、800 hPa、700 hPa、600 hPa、500 hPa(第二次循环)。每个检定点读取一次，两次循环4次读数取平均值，如图3.29所示。

5. 计量测试

运行气压自动检定系统软件，进入检定主界面，如图3.30所示，仪器挑选和启动都和温度自动检定相似。

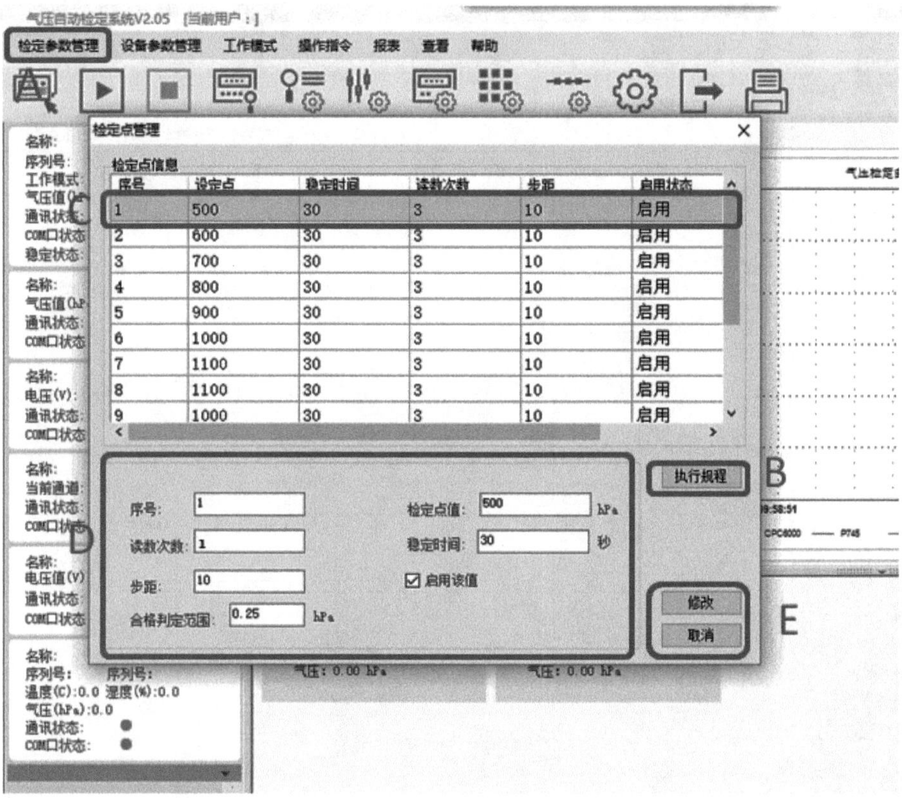

图 3.29 气压检定点参数设置

系统按照预设的检定点依次检定，达到稳定状态后，每个检定点读取 1 次被检表和标准表值，计算平均值。当完成全部的检定点的检定工作后，系统自动统计检定时间，进行数据处理，并提交到数据库保存数据，弹出界面提示检定完成，提示共耗时多少。完整的检定曲线如图 3.31 所示，单击“确定”键，弹出提交审核对话框，点击提交审核后，可以由相应权限的人员在检定业务管理子系统中，对检定结果进行审核、批准、证书打印等。

3.4.1 DYC1 气压调整

海南省国家级自动气象站用到的气压传感器为 DYC1 型数字式气压传感器。气压传感器的测量精度随时间发生偏移，每年因超出合格范围而检定不合格的数量达半数之多，必须进行重新调整。

调整步骤如下：

(1)查看气压自动检定软件设备参数管理，找到智能电源对应的串口服务器虚拟串口号，打开串口调试软件，打开串口，输入“AT+CH=11111111#”和“AT+GVOUT=12000#”，打开气压接口模块 8 个通道，给每个通道提供 12 V 电源。

(2)将气压传感器接入气压接口模块，气管可暂不接入测压孔，检定前接好即可，打开设置通信参数：2400 N 8 1。

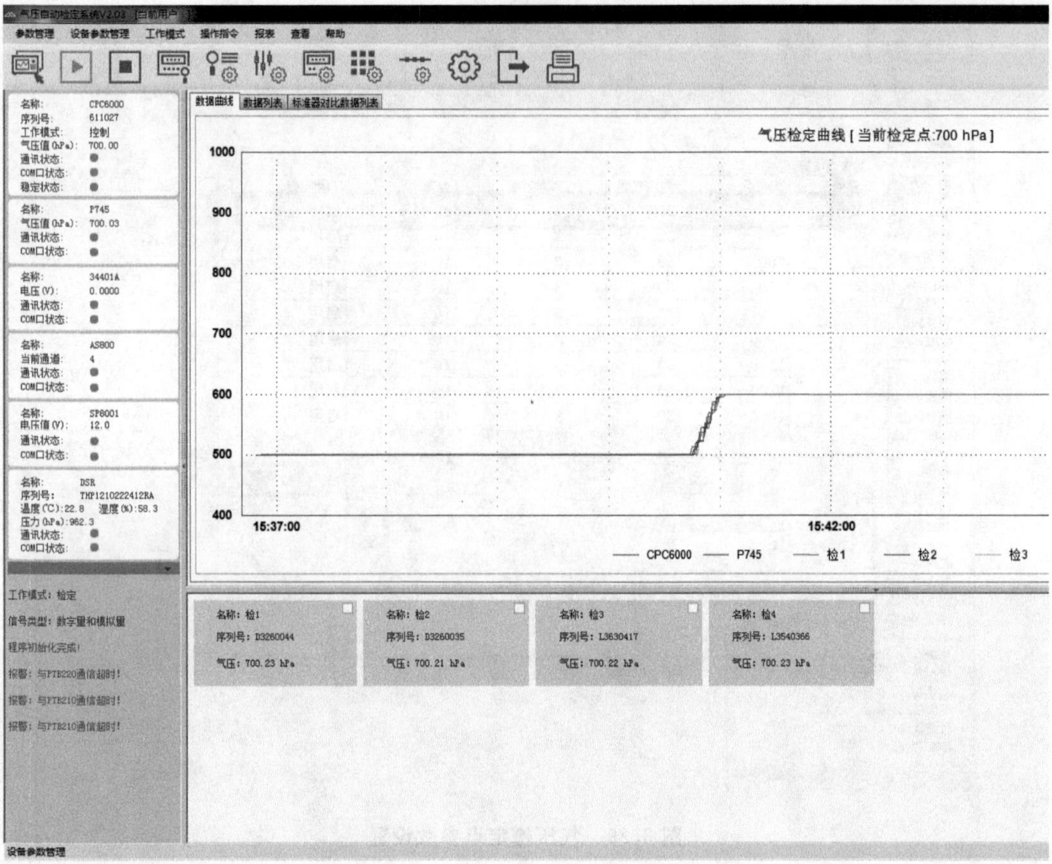

图 3.30　气压检定主界面

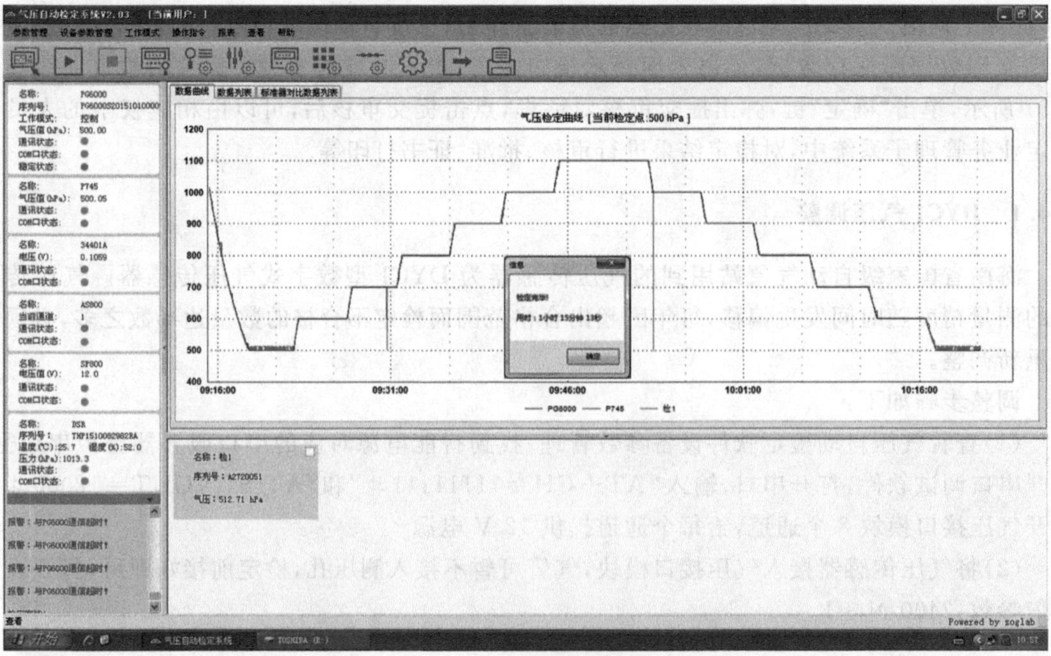

图 3.31　气压检定曲线

(3)用内六角打开气压传感器顶盖。按下蓝色 ADJ 按钮,红色指示灯 LED 亮,进入调试模式,如图 3.32 所示。

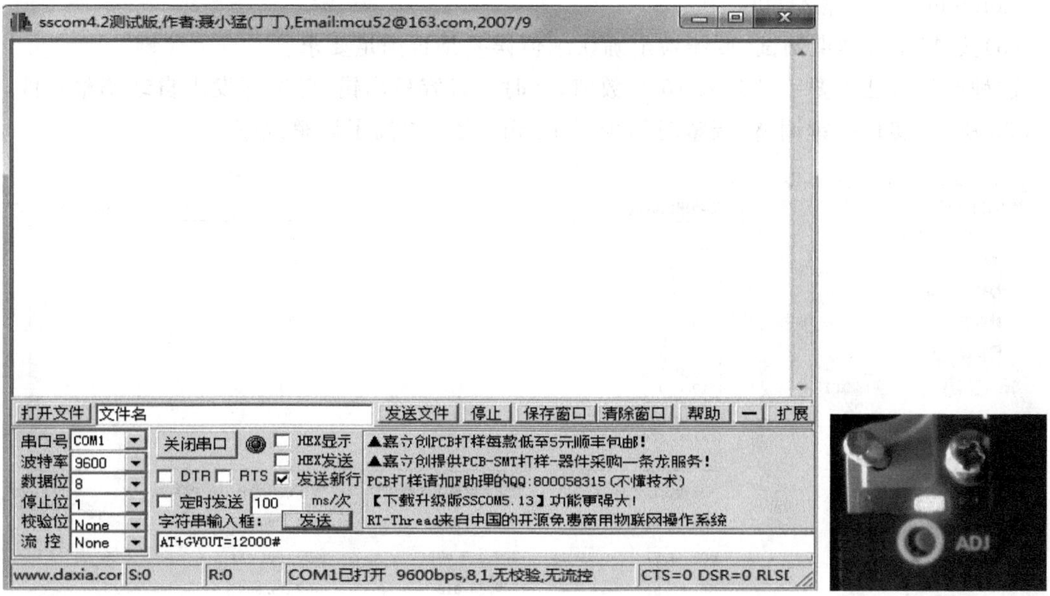

图 3.32 串口设置和调整按钮

(4)计算新的修正值,并写入气压传感器。

① 输入 MPCP1 空格 ? ↙,回读出厂前设置的 8 个点参数值,并将 8 个点的参数值 ΔP_0(correction)记录下来。

② 从检定记录得到被测气压传感器 8 个点的示值误差值 ΔP_1。

③ 计算新的修正值 ΔP_2,$\Delta P_2=\Delta P_0-\Delta P_1$,$\Delta P_2$ 为每一点上要修正的值。

④ MPCP1 ↙对气压传感器进行 8 个点示值修正。

>mpcp1

1. Reading ? 500.70

1. Reference ? 500

2. Reading ? 600.59

2. Reference ? 600

……

7. Reading ? 1060.26

7. Reference ? 1060

8. Reading ? 1100.21

8. Reference ? 1100

以 500hPa 举例:

若 $\Delta P_2=-0.70$,

则 Reading ? 输入 500.70

Reference ? 输入 500.00

若 ΔP_2＝＋0.70，

则 Reading ?　输入 500.00

Reference ?　输入 500.70

(5)按 ADJ 键结束调试，重新检定确认示值误差是否满足要求。

这种调整方法需要手动输入 16 个数值，耗时长且容易出错，已经开发出自动调整软件，如图 3.33 所示，实现一键调整，调整时间少于 1 min，大大提高了调整效率。

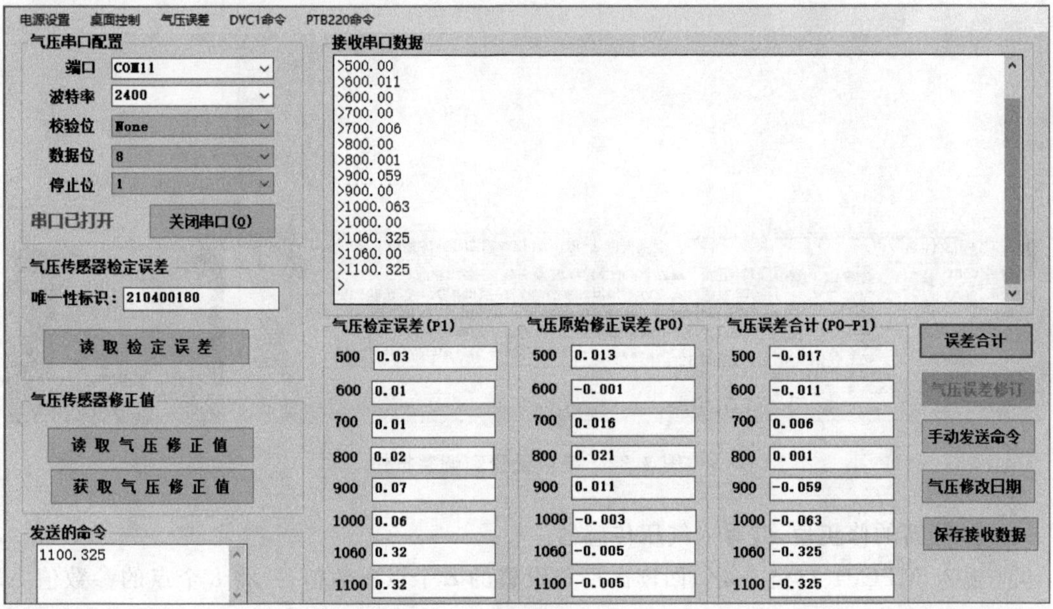

图 3.33　气压调整软件界面

3.4.2　PTB220 气压调整

1. 数字量调整

PTB220 气压传感器数字量的调整方法是先接入检定系统，按检定点进行测试，确定需要调整后，通过命令将气压传感器的原始修正值恢复为 0，重新检定 8 个点，得到示值误差和修正值，见表 3.4，将修正值逐一写入。

表 3.4　测量结果

标准值	示值	差值	修正值
500.00	500.58	＋0.58	－0.58
600.18	600.68	＋0.50	－0.50
700.14	700.59	＋0.45	－0.45
800.08	800.48	＋0.40	－0.40
900.08	900.47	＋0.39	－0.39
950.06	950.46	＋0.40	－0.40
1000.03	1000.37	＋0.34	－0.34
1099.02	1099.31	＋0.29	－0.29

```
>mpci <cr>
P1   1. reading      ?      500.58<cr>
     Correction      ?      -0.58<cr>
P2   2. reading      ?      600.68<cr>
     Correction      ?      -0.50<cr>
             ……
P8   8. reading      ?      1099.31<cr>
     Correction      ?      -0.29<cr>
```

2. 模拟量调整

PTB220 气压传感器模拟量的调整是基于线性方程 $y=kx+b$ 来实现的，k 表示增益，b 表示偏移量。电压和气压的关系 $P=500+120U$，调整原理是取对应满量程压力范围的低端和高端所对应的电压数值 U_1 和 U_2，数字多用表采集气压传感器输出电压 M_1 和 M_2，根据公式计算增益 U_{gain} 和 U_{offset} 偏移量。

$$U_{gain}=\frac{U_2-U_1}{M_2-M_1}$$

$$U_{offset}=U_1-U_{gain}\cdot M_1$$

另外，U_1，U_2 的取值如果距离太近（如 $U_1=3.7$，$U_2=4.5$），得到的增益和偏移量值则不能完全反映 500～1100 hPa 压力量程内的误差大小情况，调整后的结果也就不够精确，一般取 $U_1=0.5$，$U_2=4.5$。

对于具有模拟输出电路板的 PTB220 型气压传感器，可同时输出数字量和模拟量两种信号。在对数字量进行调整时会影响到模拟量输出，反之则不会产生影响。

对于数字量超差、模拟量不超差情况，先修正数字量误差，使误差趋近于 0。数字量调整后，如模拟量超差，再对模拟量进行调整，保证数字量和模拟量输出都在合格范围之内。

3.4.3　PTB210 气压调整

PTB210 调整通过 Wizard 软件进行，将传感器按图 3.34 接进检定系统供电，打开 Wizard 软件。

Wire color	Signal
Grey	RX (with RS-232C)
Green	TX (with RS-232C)
Blue	Ground
Pink	Supply voltage (8 ... 18 V DC)
Brown	RS-485 -
White	RS-485 +
Yellow	Power down mode (TTL level: 0 V = off, 5 V = on)

图 3.34　RS-485/RS-232C 接口的 PTB210 接线

(1)选择正确的串口号，点击图 3.35 中“Read PTB210”按钮。

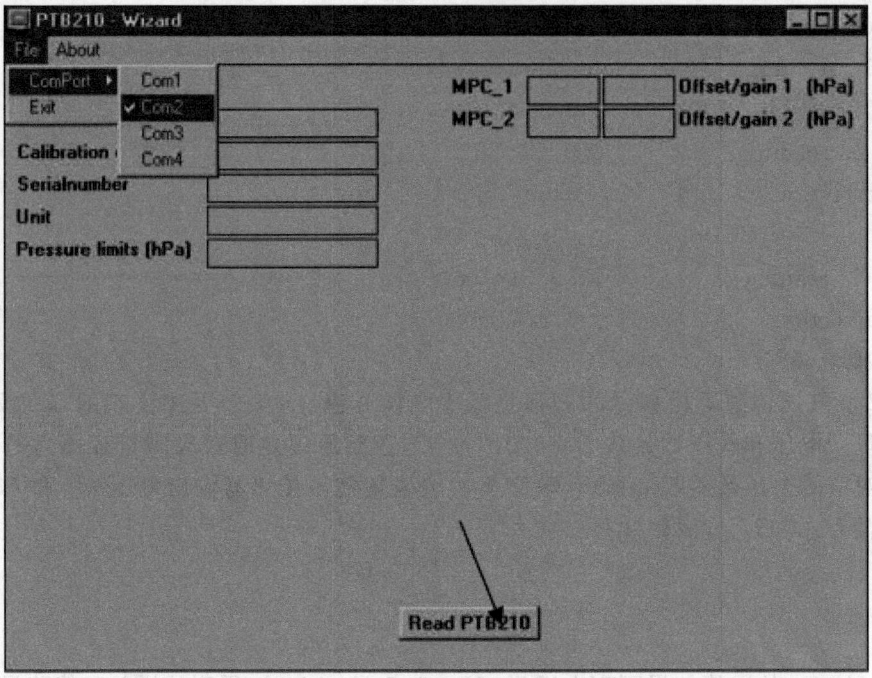

图 3.35　串口连接

(2)如图 3.36 所示,显示 PTB210 详细信息。在 MPC_1～MPC_8 第一列输入检定点,1100,1060,1000,…,500,共 8 个值,在第二列依次输入对应检定点的修正值。点击“Write PTB210”按钮。

(3)弹出输入密码对话框,如图 3.37 所示,默认是密码为空,点击“OK”,写入完成。如果想设置密码,点“Change”按钮。

3.4.4　PTB110 调整

PTB110 测量的大气压可以用一个简单的测量电压转换公式计算得出。

$$P = P_{\mathrm{low}} + \frac{P_{\mathrm{range}}}{U_{\mathrm{range}}} \cdot U_{\mathrm{out}}$$

式中,P_{low} 为量程下限,P_{range} 为量程,U_{range} 为输出电压量程,U_{out} 为输出电压测量值。

例如,压力量程为 500～1100 hPa,电压量程为 0～5 V,电压测量值为 4 V,则

$$P = 500 + \frac{1100 - 500}{5} \times 4 = 980(\mathrm{hPa})$$

式中,P 为气压输出值。

PTB110 超差时,每个点的误差值基本相同,可通过调整气压零点使误差在规定范围内。气压表内有两个按钮用于零点的微调,气压表垂直安装,测压孔向下,气压表上电时同时按下左、右两个按钮,此时绿灯和红灯闪亮,每按一次左键,零点下移 5 Pa,绿灯闪亮一次,每按一次右键,零点上移 5 Pa,红灯闪亮一次,调整完后下电再重新上电,即可进入正常工作状态。

例如,标准表测量值为 500.08 hPa,PTB110 测量值为 500.70 hPa,需要将零点下移,按左键约 12 下。调整完后下电再重新上电,接入检定系统测试确认。若误差为负,则需将零点上

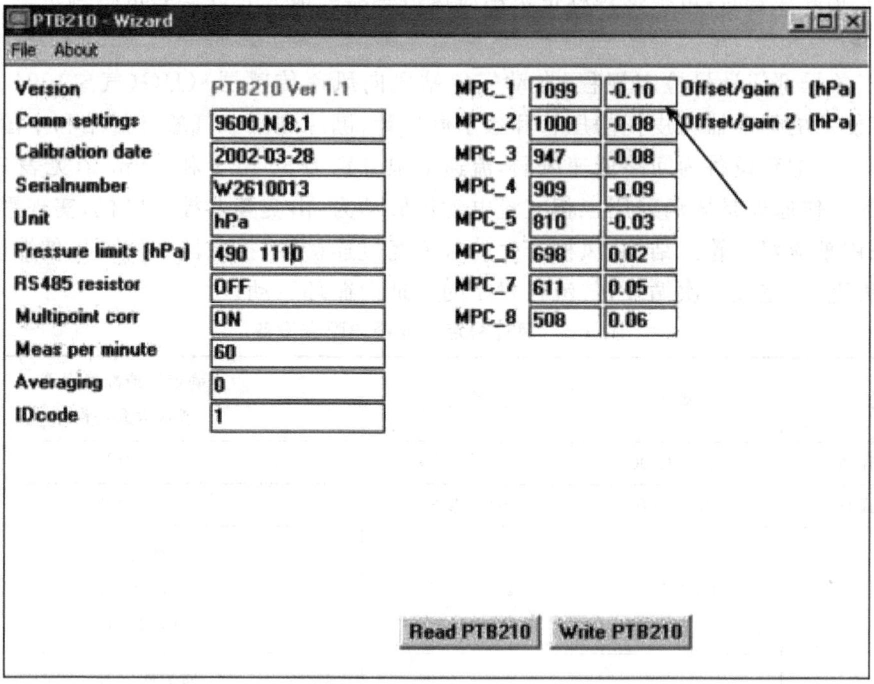

图 3.36　修正界面

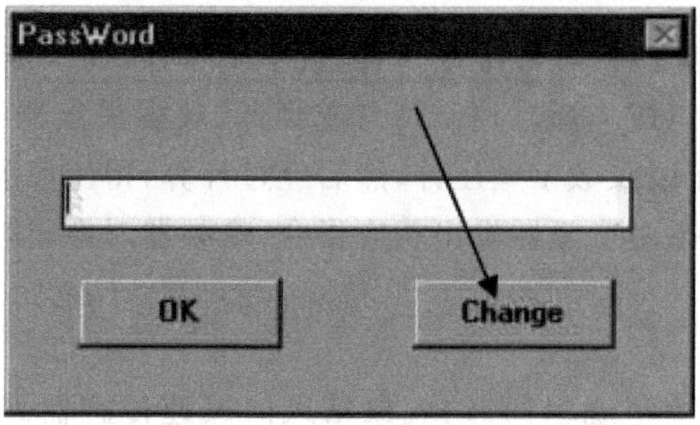

图 3.37　密码对话框

移，按右键调整。

3.5　风向风速传感器计量测试方法

1. 概述

本方法适用于杯式、螺旋桨式、数显式和自带采集装置的常规风的检定、校准和测试。风向、风速传感器的检定周期一般为 2 年，当发现风向、风速测量值出现异常时，须提前测试。常用风速传感器最大允许误差为±(0.5+0.03V)m/s(注：V 为指示风速)，启动风速≤0.5 m/s，风向传感器最大允许误差为±5°。不同型号的风速传感器启动风速不同，可根据说明书中的技术性能指标获得，ZQZ-TF 强风启动风速为 0.9 m/s，RM. YOUNG 螺旋桨风速≤1.1 m/s，未指明最大允许误差时，可根据规程按常用风速传感器的最大允许误差进行判定。

2. 设备

中国气象局部门计量检定规程《自动气象站风向风速传感器》(JJG(气象)004—2011)中指出，检定使用的标准器为皮托静压管和数字微压计，溯源到国家气象计量站和中国计量科学院，周期1年。配套设备为回路低速风洞，流速上限分别为30 m/s和70 m/s，见表3.5。回路低速风洞的工作原理是风洞采用三相交流电动机做动力，由变频器控制电机，实现平稳无级变速，风机采用轴流双叶轮式结构，风机产生的气流经过连接段、扩散段、导流段、伸缩段、工作段等进入风机进口，完成一次循环，气流在封闭的管道内循环运动。

表3.5 风速检定标准器和配套设备

名称	型号	测量范围	不确定度或准确度等级或最大允许误差
皮托静压管	∅6×L300	2～30 m/s	二等
数字微压计	CPG2500	0～4 kPa	0.01级
回路低速风洞	HDF-500	2～30 m/s	均匀性：≤1.0%； 稳定性：≤±0.5%； 气流偏角：≤1°
回路低速风洞	QXFD-70H	2～70 m/s	均匀性：≤1.0%； 稳定性：≤±0.5%； 气流偏角：≤1°

检定系统由风洞洞体、变频器、标准皮托管、数字微压计、气压传感器，温湿度传感器、数据采集器、控制箱、计算机等组成。通过控制箱与变频器、数据采集器、数字微压计进行通信，读取风洞温湿度、室内大气压以及数字微压计，然后经过计算，得出风洞内的标准风速，依据当前风速与设定风速的对比结果对变频器发出相应指令，变频器对电机转速进行控制，从而达到对风洞中风速的控制。

3. 环境

中国气象局部门计量检定规程《自动气象站风向风速传感器》(JJG(气象)004—2011)中没有指明对检定环境的要求，《杯式测风仪测试方法》(GB/T 33691—2017)中提出温度为15～30 ℃，环境湿度≤85%，气压为500～1060 hPa，可参照执行。

4. 准备

对于杯式风传感器，检定或测试前，手动转动风杯和风向杆，感受是否有阻滞感，若存在，需要先更换轴承。检查风向、风速传感器外形结构是否完好，传感器表面不应有明显的凹迹、外伤、裂缝、变形。传感器型号、出厂编号是否清晰。

如图3.38所示，将皮托静压管牢固安装在风洞工作段流场均匀区内，皮托静压管探头朝向气流的来向，并与风洞轴线平行，皮托静压管的总压接头和静压接头分别与数字微压计的压力端、参考端通过胶管相连。

将被检风速传感器牢固安装于风洞实验段内，避免大风速时传感器被吹跑，损坏传感器和风洞洞体。

接通电源，打开变频器和数字微压计，数字微压计单位设置为Pa，每次送检回来都要

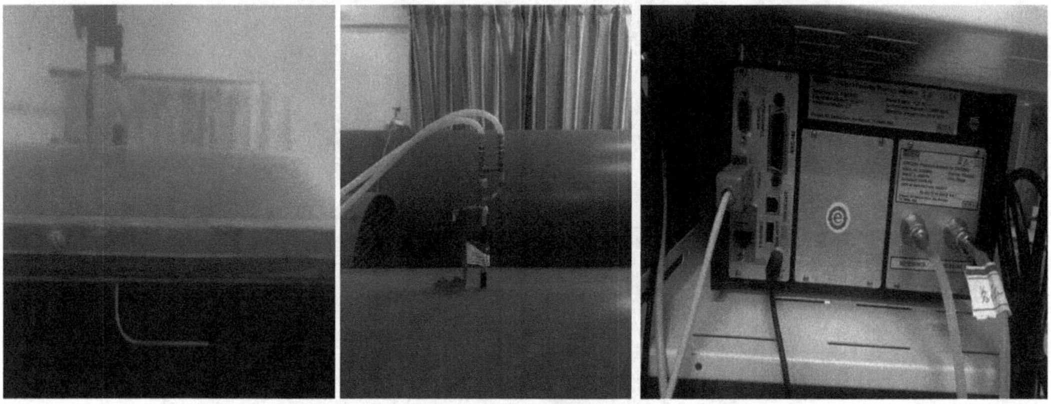

图 3.38 标准器连接

设置。

对于 70 m/s 风洞，操作如下：

(1)接通变频柜电源：打开动力间墙上的总开关，面板上“电源”指示灯亮，并将变频柜面板上电源开关水平顺时针旋转 90°，听到“咔嚓”一声，面板上“运行”指示灯亮，即接通电源。

(2)选择变频器控制模式：将面板上的模式选择按钮由“停”旋转到“远程”，即为计算机控制状态。同时按下“启动”按钮，动力段的冷却风机开始运转。

(3)打开控制箱电源：在控制箱后面有个电源开关按钮，打开电源开关给控制箱上电，如图 3.39 所示，同时测控室控制台操作面板上面的“动力电源”和“控制电源”指示灯点亮，并打开风洞控制计算机。

5. 计量测试

风传感器自动检定系统分别由广东省大气探测技术中心和昆山市三维换热器有限公司开发研制，均具备用于检定自动气象站风速传感器的全自动工作方式及检定常规风速仪的半自动工作方式。

全自动工作方式：当风洞内风速达到预设检定点的风速后，稳定 1 min 后，同时读取标准风速值、被检仪器风速值并存储，然后转换至下一个检定点，直至所有检定点检定完毕。

半自动工作方式：当风洞内风速达到预设检定点的风速后，系统进入稳定状态，在相应位置手动输入被检传感器风速值，然后转换至下一个检定点，依次进行，直至所有检定点检定完毕。

半自动工作方式一般适用于数显式和自带采集装置的常规风的检定、校准和测试，利用回路风洞产生测试环境，传感器无须接入系统，进一步扩展了可检传感器类型，适检范围广。

风传感器检定项目包括外观检查、启动风速检定和示值误差检定。规程中规定风速检定点为：2 m/s、5 m/s、10 m/s、15 m/s、20 m/s、25 m/s、30 m/s。风向检定点为：0°、45°、90°、135°、180°、225°、270°、315°。《杯式测风仪测试方法》(GB/T 33691—2017)中提到可自主选择测试点。

外观检查在第 3.5 节已完成。

启动风速检定包括启动风速和启动风向检定，对应的都是实测风速值。在风速传感器的

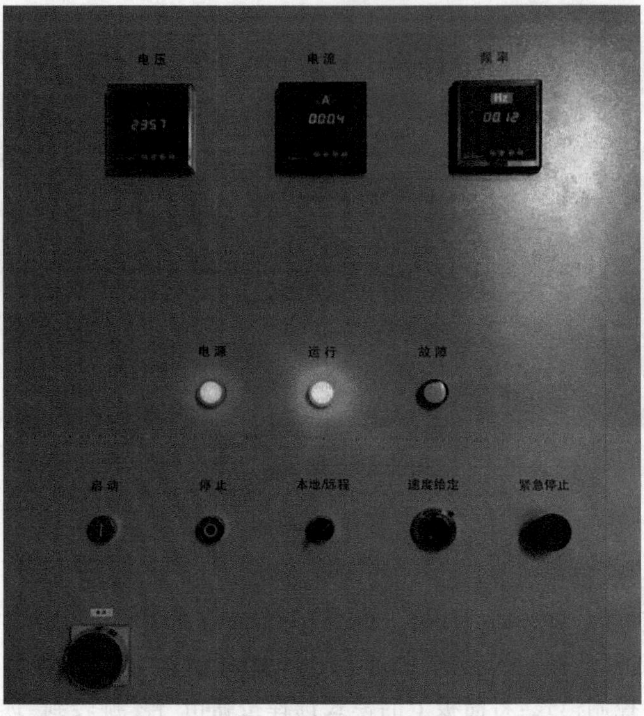

图 3.39　控制箱面板图

风杯处于静止状态下，按照启动风速的指标设定风速，调节变频器使风洞内气流缓慢增加，当风杯由静止变为连续转动时，对应的实测风速值即为风速传感器的启动风速。将风向标 0°对齐平行于风洞轴线，安装在风洞工作段内，转动风向标角度至采集器显示 15°，调整风洞内气流使之缓慢上升，当风向标向风洞轴线方向移动时，对应的实测风速值即为风向标的启动风速。

示值误差检定：当风洞内风速达到预设检定点的风速后，计算出实测风速值，采集被检风速传感器的指示风速值，将指示风速减去实测风速，得出各风速检定点上的示值误差，再将各风速检定点上的指示风速值代入规程要求中给出的风速最大允许误差计算公式，得出各风速检定点上的允许误差值，如表 3.6 所示。

表 3.6　风速示值误差

风速检定点 (m/s)	2	5	10	20	30
实测风速 (m/s)	1.9	5.0	10.1	20.8	30.1
指示风速 (m/s)	2.1	5.1	10.1	20.5	30.0
示值误差 (m/s)	0.2	0.1	0.0	−0.3	−0.1
检定点允差 (m/s)	±0.56	±0.65	±0.80	±1.10	±1.40

(1)M3DSⅡ检定系统：M3DSⅡ检定系统支持 4 种生产厂家的风传感器自动检定以及自带读数装置风传感器的常规检定，海南省大部分风传感器是无锡厂生产的，少量是天津厂生产的。

全自动方式

①打开 M3DSⅡ检定系统软件，主界面如图 3.40 所示。

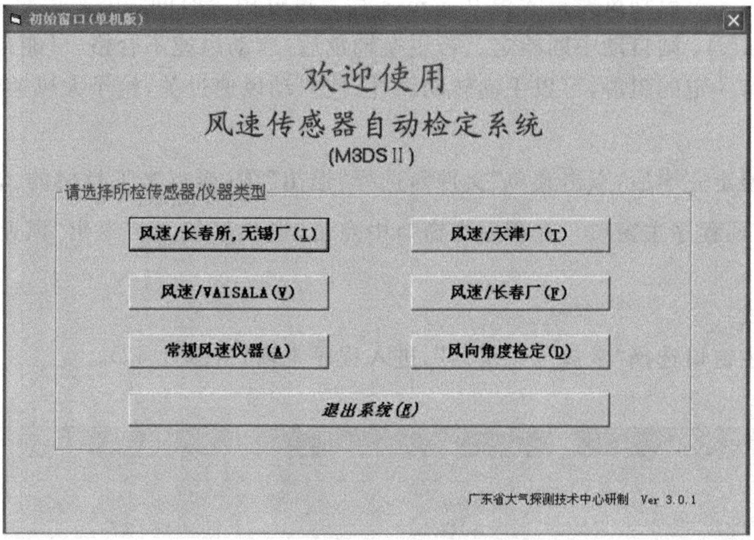

图 3.40　M3DSⅡ主界面

②选择相应生产厂家的风速传感器的检定模块，本例选择风速/长春所，无锡厂。进入程序主窗口(图 3.41)。

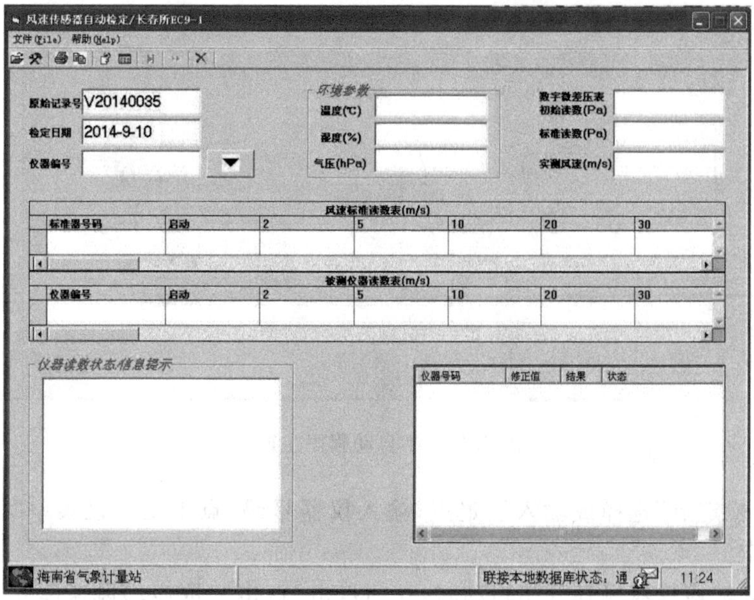

图 3.41　全自动程序主窗口

③在“仪器编号”文本框中输入当前要检定的风速传感器号码，然后点击其后面的 ▼ 按钮，仪器编号和标准器编号将在相应的表格中显示。

④点击菜单“文件”，选择“开始”项(或点击工具栏的 图标)，检定程序将开始自动运行，先进行启动点检定，启动风速检定完，进行下一检定点，直至检定过程结束。

当实测风速超过启动风速最大值 0.6 m/s 后，超过稳定时间，风速传感器未能启动(指示风速为 0.0 m/s)，则自动中断检定。若更换轴承后，启动风速不合格，可能是因为风速传感器更换轴承后有一定的阻滞，可以手动转动风杯，使启动风速过关，给予大风速转动一段时间，再重新检定。

⑤当仪器检定完毕后，点击菜单“文件”，选择“退出”项(或点击工具栏的 ✕ 图标)，将退出检定窗口，返回程序主窗口。在程序主窗口中点击“退出系统”，将退出“风速传感器自动化检定系统”。

半自动方式

①在程序主窗口选择“常规风速仪器”，进入程序主窗口(图 3.42)。

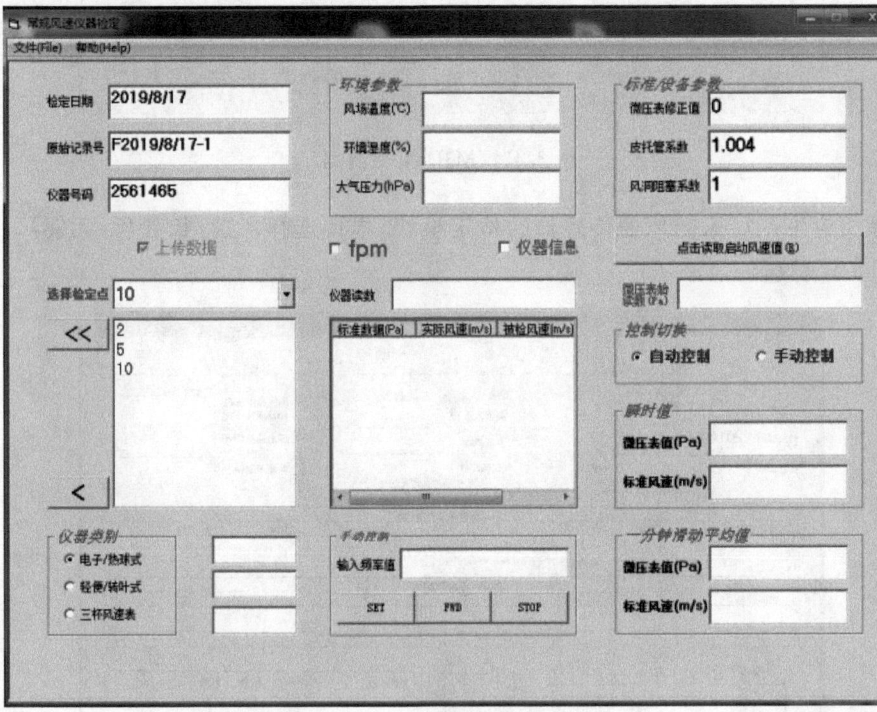

图 3.42　半自动程序主窗口

②在“选择检定点”选择或输入检定点，输入仪器号码，点击工具栏菜单“文件”，选择“开始”项，开始检定。

③当观察到被检仪器风杯开始转动时，立即点击“点击读取启动风速读数”，该键消失，系统进入稳定状态，并在应用程序下方选择进度条，在“仪器读数”输入启动风速值，继续检定下

一点。当被检仪器启动风速超出规定时，点击菜单“文件”，选择“中断”，退出检定。

④下一点稳定后，同样需要在“仪器读数”输入被检仪器指示风速值，直到设定点完检。

⑤当仪器检定完毕后，点击菜单“文件”，选择“退出”项退出程序。

(2)70 m/s 风速检定系统：70 m/s 风速检定系统除具有 M3DSⅡ的功能外，还可以支持螺旋桨风传感器自动和半自动检定，适检能力广。

全自动方式

①打开检定系统软件，主界面如图 3.43 所示。

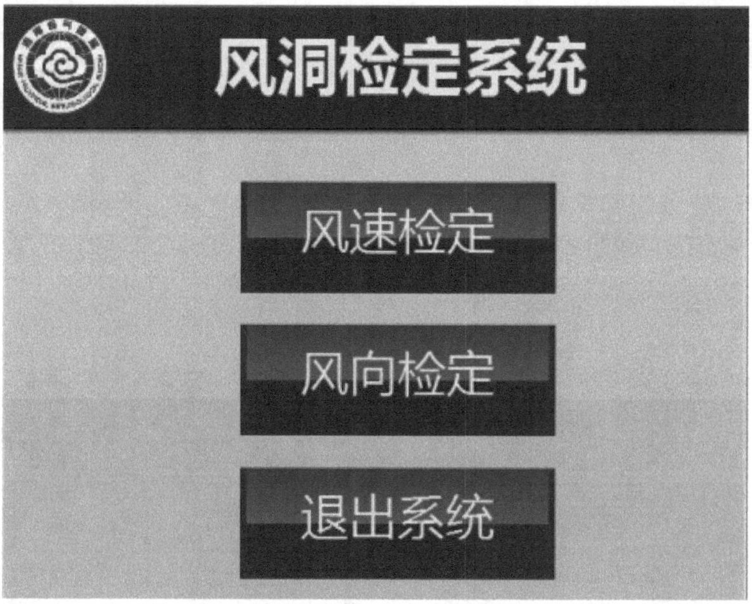

图 3.43　70 m/s 风速检定系统主界面

②点击“风速检定”按钮，进入风速检定界面(图 3.44)。

③在菜单栏“参数设置”中的“频率计/变送器切换”，弹出对话框，用户根据自己需求选择是使用“是德频率计”还是“频率变送器”。频率计/变送器的作用是采集被检传感器数据。

④在菜单栏“参数设置”中的“被检表设置”，弹出对话框(图 3.45)，用户在列表中选择本次检定的被检表，点击“确定”按钮。

⑤在风速控制界面菜单栏中“操作控制”中点击“启动系统”，启动变频器，这时能听到变频器“使能”的声音，当系统启动后点击右上角“自动”模式，再通过“增加检定点”和“删除检定点”这两个按钮来设置本次检定需要的检定点，本系统最多能设置 10 个检定点数。点击“开始自动检定”按钮，系统开始自动检定。

⑥自动检定结束后，系统会自动停止电机转动，等标准风速降到 0 m/s 后，系统会自动生成检定报表和检定证书，并保存在计算机硬盘相应的文件夹中，同时会提示是否需要打印。

⑦检定完成后在风速控制界面菜单栏中“操作控制”中点击“停止系统”。如果需要继续检定，点击“操作控制”目录下“继续检定”，清空检定界面后重复③～⑥操作步骤。

⑧检定完成后在风速控制界面菜单栏“操作控制”中点击“退出系统”，退出检定程序。

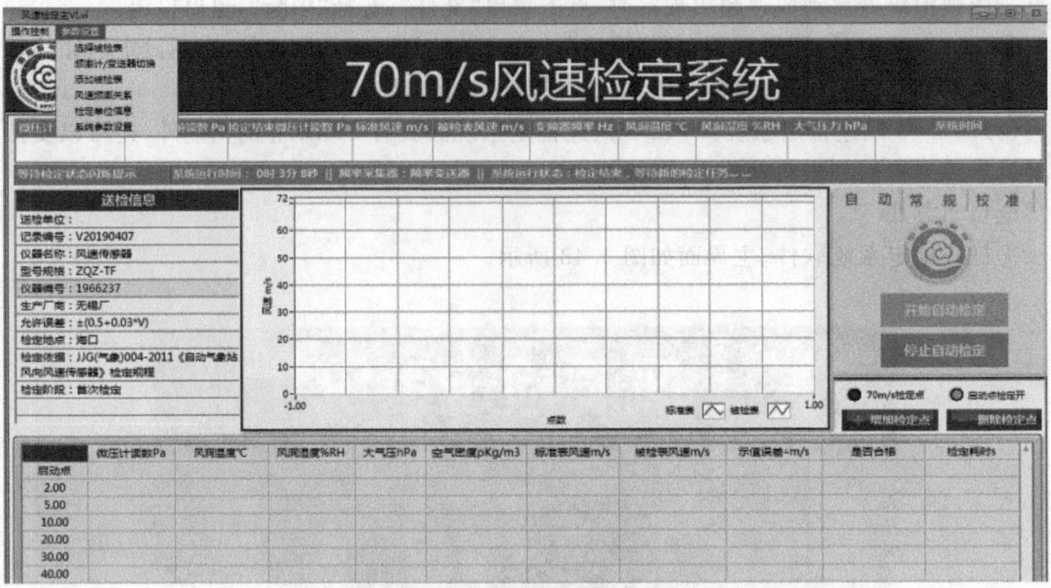

图 3.44 风速检定界面

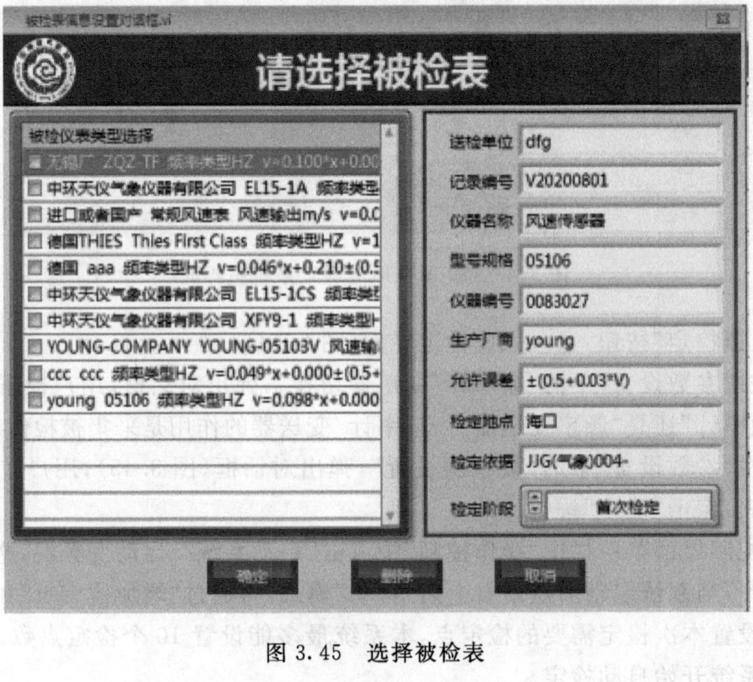

图 3.45 选择被检表

半自动方式

半自动方式界面如图 3.46 所示，半自动方式和全自动前三步操作相同，在全自动方式第④步，被检表选择常规风速表，选择其他类型风速表，示值误差会计算错误，如图 3.47 所示。

在风速控制界面菜单栏“操作控制”中点击“启动系统”，后点击右上角“常规”模式，通过“增加检定点”和“删除检定点”这两个按钮来设置检定需要的检定点。

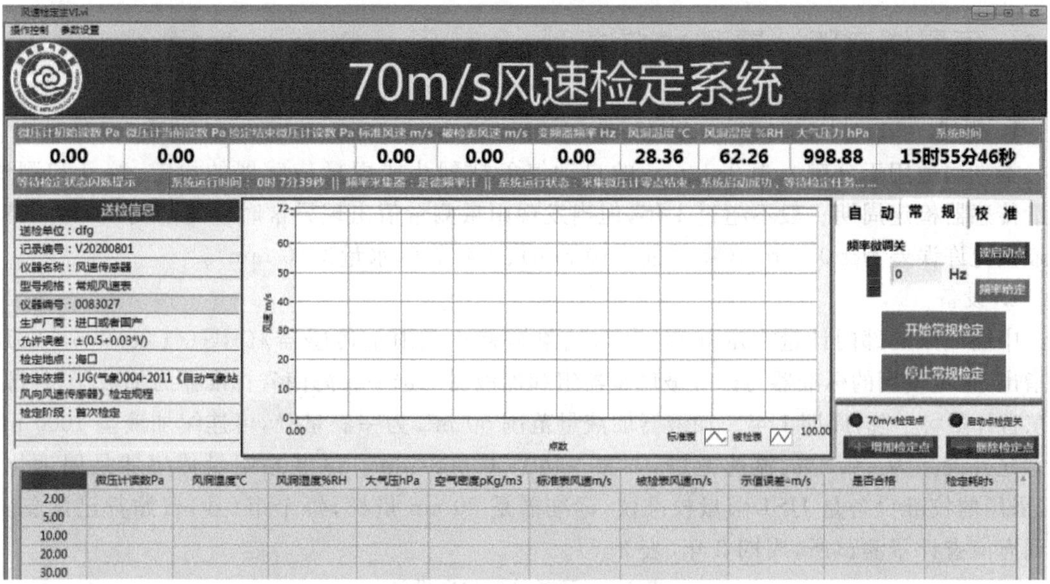

图 3.46　半自动检定界面

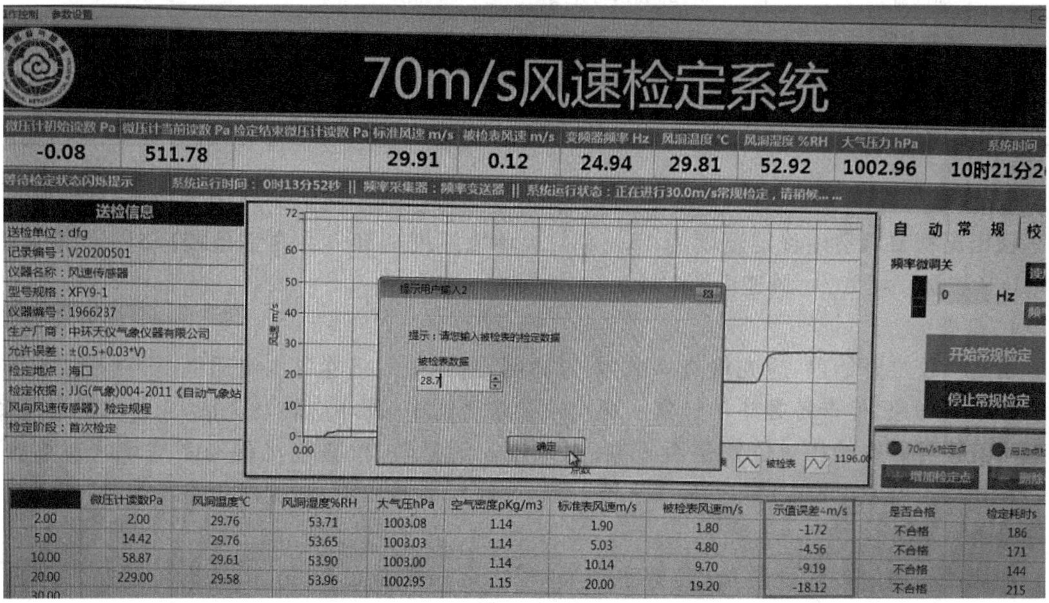

图 3.47　错误选择风速表类型

设置好检定点后，点击“开始常规检定”按钮，系统开始常规检定，每次一个检定点检测完后，系统会弹出一个输入被检表检定数据对话框，手动输入数据，后点击“确认”按钮进入下一个检定点检定。重复①和②两项操作，直到所有检定点检定完成。

检定完成后在风速控制界面菜单栏“操作控制”中点击“退出系统”，退出检定程序。

检定完成后，按下变频柜上的“停止”按钮，冷却风机关闭，当变频器完全关闭后，将电源开关逆时针旋转 90°，“运行”指示灯熄灭，然后关闭计算机和总电源。

3.6　雨量传感器计量测试方法

1. 概述

本方法适用于分辨力为 0.1 mm 的自动气象站翻斗式雨量传感器的检定、校准和测试。雨量传感器检定周期一般不超过 1 年，但当发现雨量测量值出现异常时须提前测试，测量结果的最大允许误差为±0.4 mm(降水量≤10 mm)、±4%(降水量>10 mm)。

2. 设备

中国气象局部门计量检定规程《自动气象站翻斗式雨量传感器》(JJG(气象)005—2015)中指出，检定使用的标准器为标准玻璃量器组和加液器二选一。海南省标准器为加液器，溯源到广东省计量科学院，周期 1 年。加液器加液量范围 50 mL 为一满量程，可连续加液至 1000 mL，最大允许误差为±0.2%，流速范围：0.05～150.00 mL/min。区域站雨量传感器是属地化管理，采用的校准设备是 JJS1 雨量校准仪，标准器是 20 cm 量杯，每个市(县)台站都已配备，溯源到海南省计量测试所，周期 3 年(表 3.7)。

表 3.7　雨量检定校准设备

设备名称	测量范围	最大允许误差
加液器	0～50 mL，可连续测量至 1000 mL	±0.2%
游标卡尺	0～300 mm	分度值 0.02 mm
20 cm 量杯	0～10 mm	0.1 mm
JJS1 计数装置	0～999	±1 个字

3. 环境

检定规程要求室内检定温度为 15～25 ℃，环境湿度≤80%。在室外校准时，气温为 4～35 ℃，环境湿度≤90%，风速≤6 m/s。

4. 准备

检定或校准开始前，应先检查承水器、过滤网、漏斗等传感器各水流通道是否畅通，不得有污物和堵塞现象；检查各翻斗轴杆紧固螺栓松紧是否适中，翻斗应转动灵活，无任何阻滞现象；检查干簧管与磁铁的相对位置是否正确；用万用表测量时，检查输出的通断信号状态是否正常。检查检定装置电源是否正常，给水箱上水，湿润标准器和管路，排净管路气泡，检查各连接部件是否漏水。

加液器的通信参数设置是：波特率(“9600”)、奇偶校验(“Even”)、数据位(“7”)、停止位(“1”)、数据流控制(“None”)。

(1)加液器总流量计算方法

公式：总流量＝承水口面积×总降水高度。

例：承水口面积为 314.16 cm^2，求要测试 10 mm 降水的总流量是多少？

换算：10 mm＝1 cm。

根据公式：总流量＝314.16 cm^2× 1 cm＝314.16 cm^3；

由于 1 cm^3＝1 mL，因此，314.16 cm^3＝314.16 mL。

即将加液器的流量设定为 314.16 mL。

检定规程要求检定 10 mm 和 30 mm 的降水高度，10 mm 高度加液器总流量设为 314.16 mL，30 mm 高度加液器总流量设为 942.48 mL。

(2)加液器流速(雨强)计算方法

公式：承水口面积＝ 单位时间的流量/单位时间的降水高度。

例：给出的承水口面积为 314 cm^2，如果测试 1 mm/min 的雨强，求出单位时间的流量(X)。

单位时间的降水高度为 1 mm＝0.1 cm，将数代入比例关系式：

$$314\ cm^2 = X/0.1\ cm,\ X=(314\ cm^2\times 0.1\ cm)/1\ cm = 31.4\ cm^3$$

即加液器的流速应设定为 31.4 mL/min。

以此类推，计算出承水口面积 314 cm^2，测试 4 mm/min 的雨强，加液器雨强设定为125.6 mL/min。

(3)翻斗式雨量传感器的翻斗容量计算

公式：每斗的容量＝ 承水口面积×分辨力。

例：承水口面积为 314 cm^2，分辨力为 0.1 mm。

换算：0.1 mm ＝ 0.01 cm。

设：每斗的容量为 X，用上面公式计算：

$$X=314\ cm^2\times 0.01\ cm = 3.14\ mL$$

即每斗的容量为 3.14 mL。

(4)降水量标准计数值

标准计数值＝标准容积/翻斗容量＝标准容积/(承水口面积×分辨力)。

以标准容积 314 mL 为例，雨量传感器标准值换算结果如下：上海气象仪器厂 SL3-1 型雨量传感器承水口面积为 314 cm^2(翻斗雨量传感器承水口直径为 200 mm)，计量翻斗分辨力为 0.1 mm，量取 314 mL 的水量进行雨量传感器的校准，校准装置计数显示应为 100(即分辨力为 0.1 mm 的翻斗计数次数为 100 次)。计算公式如下：

$$标准计数值=314\ cm^3/(314\ cm^2\times 0.01\ cm)=100$$

以此类推得到不同承水口直径对应的标准计数值，见表 3.8。

表 3.8　标准计数值与承水口面积换算

标准容积(mL)	承水口直径(cm)	承水口面积(cm^2)	标准计数值
314	20	314	100
314	15.96	200	157
314	22.5	397	79

(5)检定/校准装置连接传感器：室内检定时，将雨量传感器外筒取下，将传感器放在平台上，调整传感器水平，将二芯信号电缆连接传感器红黑接线柱，将传感器计量翻斗和计数翻斗调整到同一倾倒方向。

现场校准时，将雨量传感器外筒取下，将自动站二芯信号电缆从传感器接线柱卸下，并用绝缘胶布妥善处理，避免短接而引起短路，产生降水计数；将校准仪支撑架稳固地安放在雨量传感器的底座上，再将校准仪安放在上面；将校准仪所带的二芯连接线连接到传感器的接线柱上，另一端插入校准器的插孔；将传感器计量翻斗和计数翻斗调整到同一倾倒方向。

5. 计量测试

雨量传感器检定和校准方法依据的规程是一样的，区别在于使用的标准设备不同，下面分别介绍。

(1)检定：雨量传感器检定项目包括外观、承水口直径和示值误差。

外观：检查承水器、过滤网、漏斗和传感器标识等。

承水口直径：测量是用游标卡尺，分别在传感器承水口互成120°的3个位置测量内径，结果保留1位小数，承水口直径误差范围为0.0～0.6 mm，若出现负偏差，需更换外筒。

示值误差：检定点为降水高度10 mm、雨强1 mm/min和降水高度30 mm、雨强4 mm/min，各测量3次，记录如表3.9所示。

表3.9 雨量检定记录

降水量标准值 (mm)	降水强度 (mm/min)	测量误差		
		测量结果 (mm)	误差 (mm)	相对误差 (%)
10	1			
平均值				
30	4			
平均值				

向被检传感器加入少量水，湿润被检传感器零部件，同时观察被检传感器输出信号是否正常，确认无误后，清空翻斗内残留的水，开始检定。

打开雨量检测系统，如图3.48所示，在“系统”菜单下提供了“打开测试系统”功能，可以根据需要打开最多两个测试系统，同时对雨量传感器进行自动检定工作。系统已设置好4个检定点，根据需要选择。如果鼠标放在选中的一个测试单元格中，则从选中的一格开始测试；如果选中的是一行，则从所选中行的第一个测试单元格开始测试；如果没有选中任何行，则从表格第一行第一测试单元格开始测试，完成一行测试后会自动转到下一行进行测试，测试结果显示在单元格内。

(2)校准：向被检传感器加入少量水，湿润被检传感器零部件，同时观察校准仪计数是否正常，确认正常后按校准器清零按钮，使校准仪计数器复位。

在标准量杯内盛装10 mm清水，注入校准仪4 mm/min强度注水孔内，量取3次清水，校准仪将模拟降水量30 mm、降雨强度4 mm/min使清水滴下，同时计数器开始计数，当清水全部流淌完毕，计数器停止计数，此过程重复3次，以3次数值的平均值作为4 mm/min雨强的测量值。进行完大雨强度校准后，将计数器归零复位，在标准量杯内盛装10 mm清水，注入校准仪1 mm/min强度注水孔内，重复3次，以3次数值的平均值作为1 mm/min雨强的测量值。

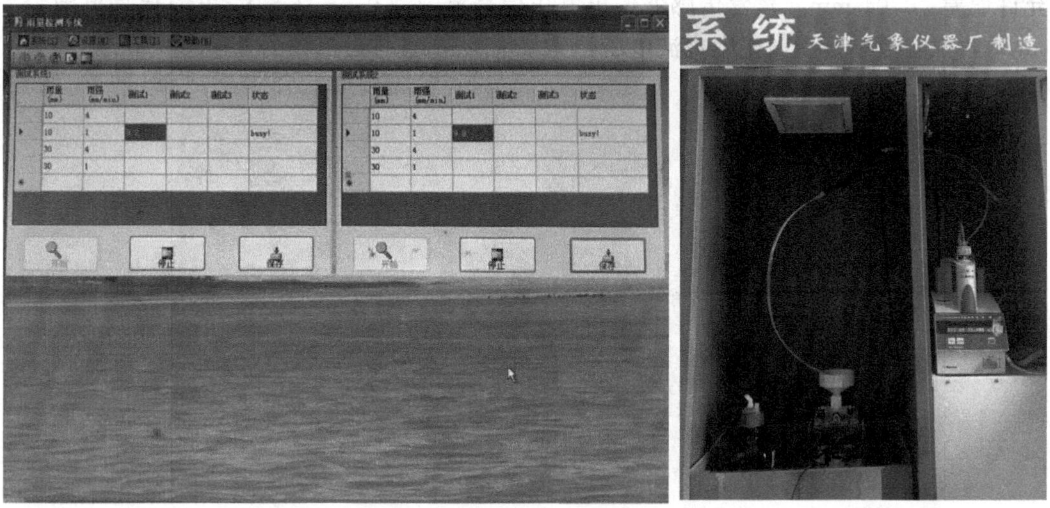

图 3.48　雨量检测系统界面

6. 调整

在两种雨强条件下，被检雨量传感器在≤10 mm 降雨量时的测量误差均不超过±0.4 mm 视为合格；在两种雨强条件下，被检雨量传感器在>10 mm 降雨量时的测量误差均不超过±4%，视为合格。如果检定/校准结果为有规律的正偏差或负偏差，可以通过计量翻斗两边的定位调节螺钉进行调节。一般计量翻斗调整螺钉转一圈，雨量计数值可相应变化 3%（SL3-1 调整一圈为 3%，SL5-1 调整一圈为 5%，此类传感器的具体调整方法，可根据仪器使用说明书进行），向外调节，使翻斗内盛水量增加，计数值减少，向内调节，使翻斗内盛水量减少，计数值增大。误差值为负数时向内调节，误差值为正数时向外调节。调整时应在调整螺钉上先做记号，再根据测试误差值大小同时调整两边计量翻斗的定位螺钉，最终使误差值调整到允许范围以内。经过调整后的雨量传感器，必须重新进行校准，直至传感器的测量误差都符合标准。

当检定/校准结果超过误差允许范围，并且不属于系统误差性质时，则必须对传感器各个部分进行仔细检查和维修，然后再进行调整。如经进一步检查、调整后仍达不到技术要求，则该传感器应当报废。

3.7　蒸发传感器计量测试方法

1. 概述

蒸发传感器根据超声波发射和返回的时间差对水面高度进行检测，转换成电压/电流信号输出，根据公式计算蒸发桶内水位高度，利用水面两次测量的高度差计算一定时段内水面的蒸发量。超声波蒸发传感器检定周期一般为 2 年，但当发现蒸发测量值出现异常时须提前检定，各检定点的相对误差均不超过±1.5%FS 时为合格。

2. 设备

检定蒸发传感器用到的标准设备是蒸发传感器标准模块组件（图 3.49）和数字万用表，溯源周期 1 年。蒸发传感器标准模块组件包括零位模块（12.68 mm）、10 mm、20 mm、40 mm、50 mm、100 mm 高度的圆柱块和一个不锈钢测量桶。标准模块组测量范围：0～100 mm，最大允许误差：0.04 mm。蒸发传感器输出电压信号范围为 0.5～2.5 V，电流信号范围为 4～20 mA，六位半数字万用表使用直流电压档为 0～10 V，直流电流档为 0～100 mA。

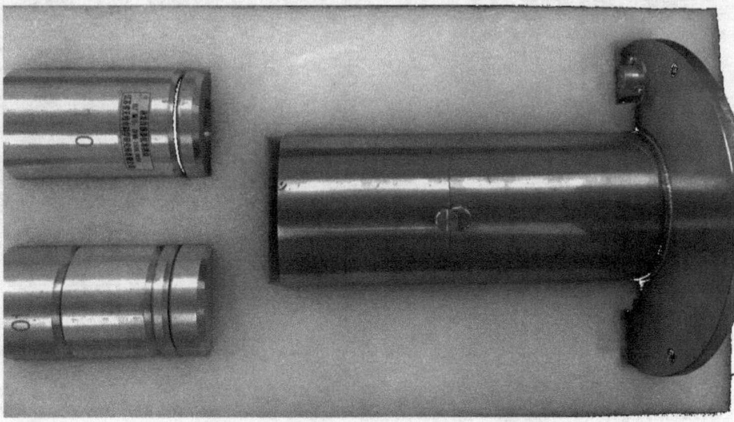

图 3.49　蒸发传感器标准模块组件

3. 环境

中国气象局部门计量检定规程《自动气象站蒸发传感器》(JJG(气象)006—2011)中没有指明对检定环境的要求，室外检定建议在天气晴朗时进行，室内环境一般能达到温度为 20～30 ℃，风速≤2 m/s，环境湿度≤80%。

4. 准备

将蒸发传感器标准模块组件中的不锈钢测量桶放置在平坦地方并调整好水平，将蒸发传感器探头放置在上面，六位半数字万用表开机预热，蒸发传感器接线正确，测试正常工作。

5. 检定

(1)外观检查：传感器外形结构应完好，表面不应有明显的凹迹、外伤、裂缝、变形等现象。金属件不应有严重锈蚀及其他机械损伤。传感器应有型号、出厂编号等明显标志，重点检查不锈钢圆筒是否有泥沙或异物存在，若有杂物堵塞，应清除干净。

(2)示值误差检定：蒸发传感器的检定点为 0 mm、20 mm、40 mm、60 mm、80 mm 和 100 mm。

首先将 12.68 mm 高的零位模块放入不锈钢测量桶，用六位半数字万用表测量蒸发零位值(电流或电压值)，然后用蒸发模块组依此组成 20 mm、40 mm、60 mm、80 mm、100 mm 的标准高度值，放入不锈钢测量桶内。为获取稳定准确的数据，通常放入标准模块后，等候 2 min，再测量。分别测量蒸发传感器输出电流或电压值，记录在蒸发传感器检定记录表中。

6. 数据处理和证书

根据测量得出的蒸发传感器输出的电压、电流信号，计算蒸发水位高度。

电流计算水位公式：

$$E_c=100\times(I-4)/(20-4)$$

式中，E_c 为蒸发水位，单位：mm；I 为电流值，单位：mA。

电压计算水位公式：

$$H=50\times(U-0.5)$$

式中，H 为蒸发水位，单位：mm；U 为电压值，单位：V。

根据计算的蒸发水位值，计算出各检定点的相对误差值 Δh 。相对误差均不超过±1.5%FS 为合格。

$$\Delta h=\frac{(h_0-h)-h_s}{h_s}\times 100\%$$

式中，h 为各模块高度示值，单位：mm；h_0 为零位值，单位：mm；h_s 为标准高度值，单位：mm。

根据检定业务需要，设计了蒸发传感器证书模板，模板根据蒸发检定记录中输入的电流/电压信号自动计算出蒸发水位高度，根据水位高度自动计算出相对误差，可以立刻判断蒸发传感器合格与否。检定证书引用检定记录数据（表 3.10）和相关仪器信息（自动生成），大大降低了人工录入出错率和提高了检定效率。

表 3.10　蒸发传感器检定记录

检定记录流水号：ZF20200103

检定环境		项目		平均
		温度（℃）		26.3
		湿度（%RH）		53
		气压（hPa）		1001.7
标准模块组		被检蒸发传感器		
名称：蒸发传感器校准模块 生产单位：江苏省无线电科学研究所有限公司 编号：ZFMK5 准确度等级/最大允差：0.04 mm		名称：蒸发传感器　型号/规格：WUSH-TV2 生产单位：江苏省无线电科学研究所有限公司 编号：ZF-1401.0040 送检单位：乐东气象局		
检定点（mm）	标准值（mm）	传感器输出值		相对误差（%）
		（V）/（mA）	（mm）	
0	0	2.502	100.1	
20	20	2.103	80.15	−0.25
40	40	1.692	59.6	1.25
60	60	1.301	40.05	0.08
80	80	0.893	19.65	0.56
100	100	0.502	0.1	0.00
最大相对误差		±1.5%FS		
检定依据		JJG（气象）006-2011 自动气象站蒸发传感器检定规程		
检定结论		合格		

检定人：崔学林　　复核人：蒲大波　　检定日期：2020.1.20

3.8　能见度仪计量测试方法

1. 概述

气测函〔2018〕152 号《能见度计量业务管理暂行规定》地（市、州）级气象局按照《前向散射式能见度仪核查方法(试行)》,每 6 个月现场核查一次。省(区、市)级气象计量业务机构以 2 年为周期,将现场核查套件集中送至国家气象计量站能见度计量检测实验室进行检测和校准。用户使用校准套件进行校准。如果检查显示数据误差在±10%以内,则不要重新校准,如果超出这个范围,则需要重新标定。

2. 校准设备

校准套件用于 DNQ1 系列能见度仪的标定、校准。能见度仪校准套件由一个遮光板、两个散光板、清洁物品组成,见表 3.11 和图 3.50。

表 3.11　能见度仪校准套件

名称	数量	规格尺寸	材质	图示
遮光板	1	∅38 mm×13 mm	海绵,工程塑料	
散光板	2	∅60 mm×4 mm	工程塑料	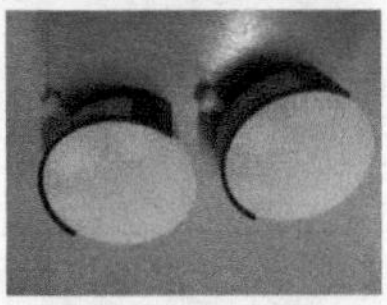
清洁布	1			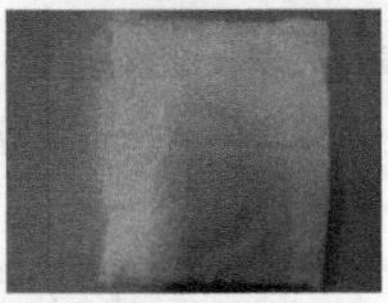

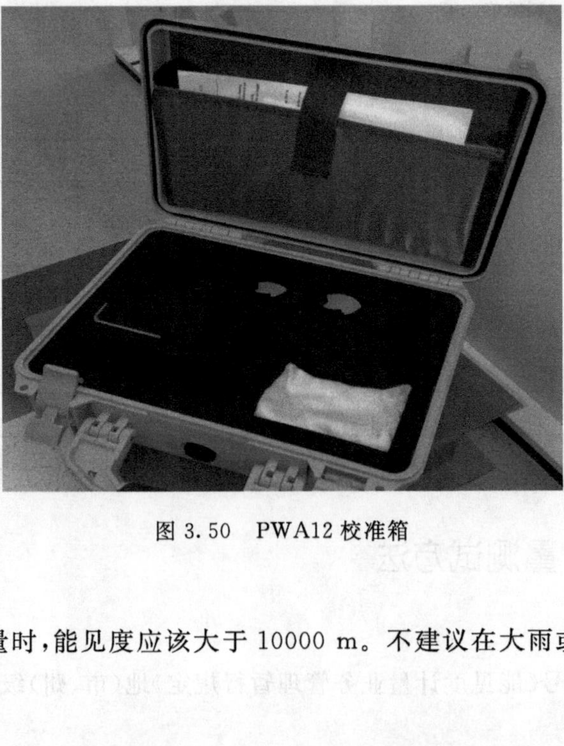

图 3.50　PWA12 校准箱

3. 校准环境

当标定能见度测量时,能见度应该大于 10000 m。不建议在大雨或者阳光极亮的情况下进行标定。

4. 校准准备

为获取可靠的校准结果,DNQ1/V35 发射单元和接收单元装置的镜头应相对保持干净,因为脏镜头可提供比实际能见度更好的能见度值。

用无绒软布擦拭镜头,注意不要刮伤镜头表面。

校准前需将能见度串口连接线通过串口线接在计算机终端进行命令操作,如图 3.51 和图 3.52 所示,过程中无须断电,但此时段能见度数据不可用。

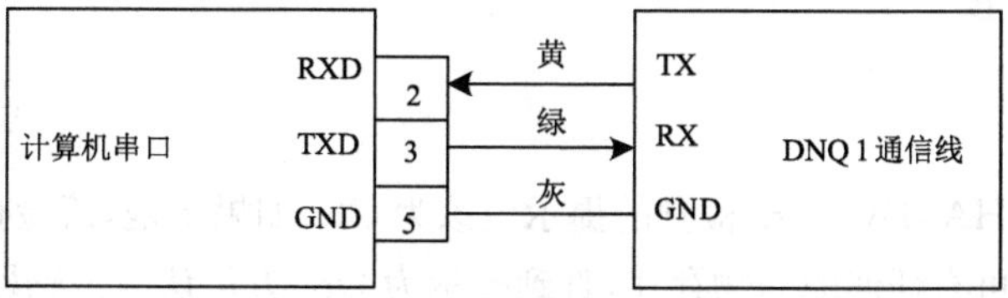

图 3.51 串口线与传感器接线

图 3.52 串口软件通信参数设置

串行通信端口的设置:波特率为 4800,数据位为 8,检验位为无,停止位为 1。

5. 现场检测

用无绒软布擦拭镜头后:

(1)输入命令 OPEN 进入调试模式,待软件出现数据反馈后执行下一步操作,能见度仪返回为:OPENED FOR OPERATOR COMMANDS,代表线路已经打开,可以输入其他指令;如果键入 OPEN 命令后 1 min 内不对传感器做任何操作,传感器会自动将通信通道关闭,再次打开须再输入 OPEN 命令。

(2)键入 STA 命令,返回信息如下:

PWD STATUS

VAISALA PWD20 V 1.07 2005－05－16 SN:C3350001

SIGNAL 13.22 OFFSET 143.90 DRIFT 0.37

REC. BACKSCATTER 1186 CHANGE 194

TR. BACKSCATTER －0.7 CHANGE 0.0

LEDI 2.8 AMBL －1.1

VBB 12.6 P12 11.4 M12 －11.2

TS 20.4 TB 19

HARDWARE :

OK

主要看最后一行，HARDWARE 检测的提示应该为 OK，如果不是，请检查硬件设置及传感器光路通道，光路通道中不可有任何障碍物存在，直到提示为 OK，方可认为传感器工作正常。

(3)安装阻塞片，发送 ZERO 命令，返回 ZERO SIGNAL:OK，用 MES 命令查看本地数据，对应的数值应为量程上限(35000/50000)，若不是，应检查遮光板安装，若仍不达不到上限值，则与厂家联系。

(4)移出阻塞片，将不透明玻璃片固定到护罩上。注意玻璃片上印着的信号值，并标注有 Receiver 和 Transmitter，分别安装在接收和发射端，如图 3.53 所示，确保收发光路上没有其他的障碍物，并等待 30 s。

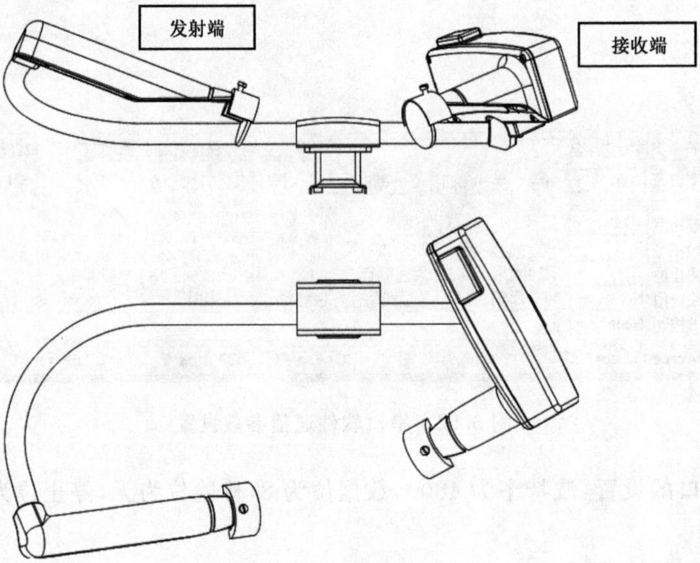

图 3.53 安装散光板

(5)发送 CHECK 命令，每分钟自动返回信号值，等待被测设备至少工作 10 min，能够稳定测量时，记录下被测设备的 1 min 信号强度值，计算该值与检测板背面标称值的相对误差 $(V/V_0-1)\times100\%$，其中 V 表示能见度仪信号强度值，V_0 表示检测板标示值。如果相对误差在±10%的范围，判为合格；如果超出该范围，判为不合格，需对被测设备进行校准，转入现场校准程序。鼠标点击窗口显示区按 ESC 键终止 CHECK 命令。

(6)发 CLOSE 命令退出校准检测过程。

6. 现场校准

如果根据标定检查需要校准，按照下面的说明进行：

(1)现场校准则须按照下列流程操作：输入指令 CAL 478，478 数值为标定片上印制的值。

(2)输入命令 CHEC，重新检查信号值，以确定新的比例系数被使用。若 CAL 命令无效，则输入 FCAL 478 命令。

7. 现场核查记录表，填写样例(表 3.12)

核查记录编号格式：台站拼音首字母简称＋NJD＋四位年份＋两位序号(01 或 02)，例如，海口琼山地面站能见度 2020 年第一次现场核查编号为 QSNJD202001，现场核查记录表由台站人员手写签字后，扫描回传至检定科存档。

表 3.12　观测站能见度仪现场核查记录

记录编号：QSNJD202001

<table>
<tr><td>核查环境</td><td colspan="5">气温：26.3 ℃；压力：1016.1 hPa；湿度：71 %。</td></tr>
<tr><td>核查日期</td><td>2020.02.04</td><td>开始时间</td><td>10:00</td><td>结束时间</td><td>10:30</td></tr>
<tr><td rowspan="2">设备信息</td><td colspan="2">核查套件</td><td colspan="3">被核查器具</td></tr>
<tr><td colspan="2">名称：DNQ1 前向散射式能见度仪校准组件
生产厂：华云升达(北京)气象科技有限责任公司
型号：HY-PWA12
编号：N2030364
证书编号：2020M20-04-09-B0104</td><td colspan="3">使用单位：海口市气象局琼山站
器具名称：前向散射式能见度仪
生产厂：华云升达(北京)气象科技有限责任公司
型号：DNQ1/V35
编号：J1652011
区站号：59757</td></tr>
<tr><td>外观检查</td><td colspan="5">□合格　　□不合格</td></tr>
<tr><td>核查点</td><td colspan="2">被核查能见度仪示值</td><td colspan="2">标称值</td><td>相对误差</td></tr>
<tr><td>量程上限(m)</td><td colspan="2">35000</td><td colspan="2">35000</td><td>0</td></tr>
<tr><td>δ (S)</td><td colspan="2">464</td><td colspan="2">458</td><td>1.3</td></tr>
<tr><td>δ (S+A)</td><td colspan="2">—</td><td colspan="2">—</td><td>—</td></tr>
<tr><td>δ (S+B)</td><td colspan="2">—</td><td colspan="2">—</td><td>—</td></tr>
<tr><td>核查依据</td><td colspan="5">前向散射式能见度仪核查方法(试行)</td></tr>
<tr><td>核查结果</td><td colspan="5">□ 合格　　□ 不合格</td></tr>
<tr><td>备注</td><td colspan="5"></td></tr>
</table>

核查员：台站人员手写签名　　　　核验员：台站人员手写签名

3.9　降水现象仪计量测试方法

气测函〔2019〕17 号《降水现象计量业务管理暂行规定》指出省(区、市)气象计量业务机构组织实施本行政区域内的现场核查工作，按照《降水现象仪现场核查方法(试行版)》，每年现场核查 1 次，负责指导台站对现场核查不合格的降水现象仪进行及时维修和更换。同时，以 2 年为周期，将现场核查标准装置集中送至国家气象计量站降水现象计量检测实验室(合肥)进行检测和校准。

海南省降水现象仪核查装置是JSMN-1型雨滴谱式降水现象仪模拟降水装置(简称:测试装置)。测试装置具有模拟降水粒子速度和粒径的功能,可以对降水现象仪进行性能检测。测试装置的结构如图3.54所示。

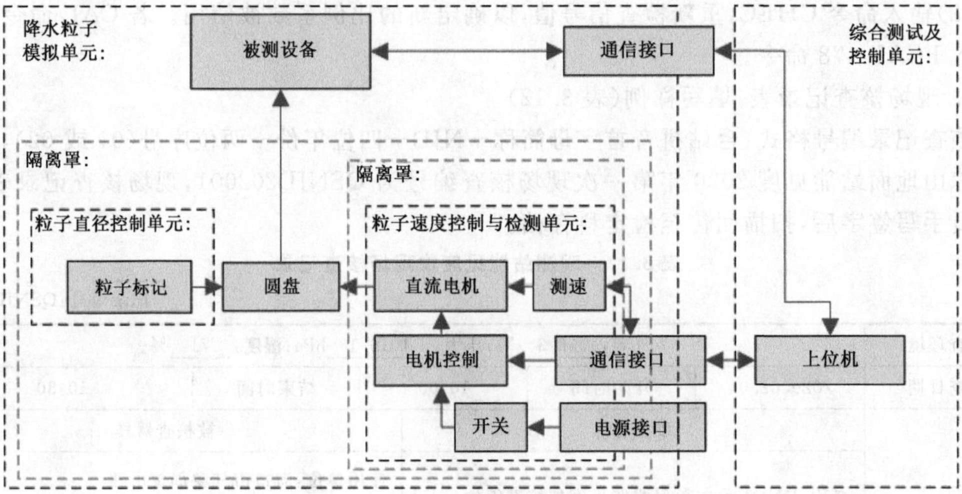

图3.54　测试装置结构

测试装置主要包括两个部分:降水粒子模拟单元和综合测试及控制单元。降水粒子模拟单元:使某一直径的粒子标记,在某一预设速度下匀速运行;综合测试及控制单元:将被测降水现象仪上传的数据与真实数据对比,从而检测被测设备的工作情况。

测试装置的工作原理是在透明的亚克力转盘上放置不同直径大小的粒子标记——产生确定的直径;电机带动转盘转动,使粒子标记具有可设定的运行速度——产生确定的速度。测试装置从而具有模拟降水粒子速度和粒径的功能,利用被测降水现象仪上传的原始数据与真实设置的参数相比对,从而对降水现象仪进行性能检测。

1. 概述

降水现象仪核查方式是判断被核查降水现象仪本次降水现象数据的输出是否与第一次核查的输出结果一致。粒子直径和速度误差在2以内,为合格,超出2,为不合格,本次降水现象输出与第一次核查的输出结果一致,判定该核查降水现象仪合格,本次降水现象输出与第一次核查的输出结果不一致,判定该核查降水现象仪不合格。第一次采集的就是标准值,所以第一次采集的结果,本次和第一次值相同。不合格时应微调转盘高度重新核查一次,仍不合格时应维修或送国家气象计量站降水现象计量检测实验室进行校准。

2. 测试装置

海南省自动气象站使用德国原装进口的OTT型降水现象仪,测试装置型号为JSMN-1,如图3.55所示。

3. 核查环境

天气晴朗,能见度大于10 km,空气温度(20±10) ℃,风速≤5 m/s,环境湿度≤80%。

4. 核查准备

(1)降水现象仪外观检查。

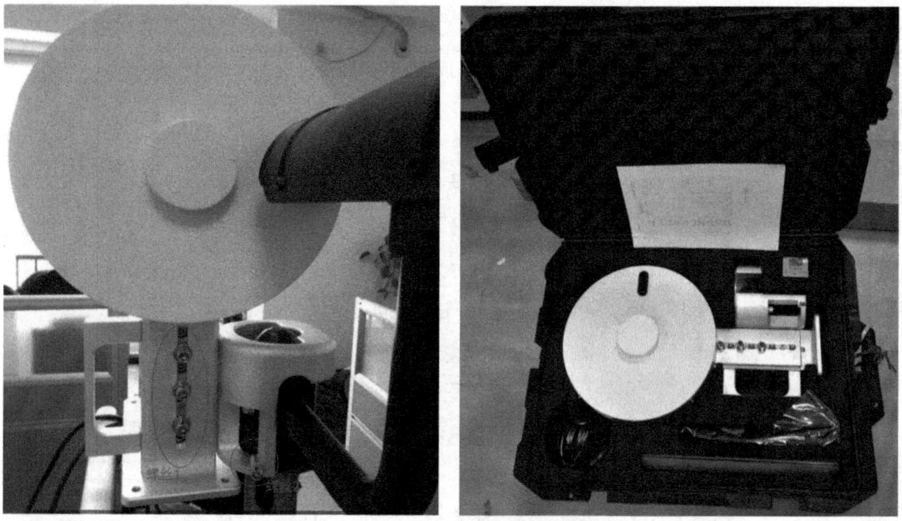

图 3.55　测试装置

(2)必须保证测试转盘的洁净，如果测试转盘表面划伤，请及时更换。

(3)将立杆标尺线调节到 OTT 设备对应的标尺线位置。

(4)放置防护套，先将挂接装置向前倾斜，然后顺势摆正，将测试装置放置到降水现象仪上。

(5)连接 3 条线缆。

接线 1	测试装置 9 针串口→直连串口线→USB 转 232 串口线 USB 接口→笔记本电脑 USB 接口
接线 2	被测降水现象仪 RS232 调试口→交叉串口线→USB 转 232 串口线 USB 接口→笔记本电脑 USB 接口
接线 3	测试装置 AC220 接线端口→电源线→市电

(6)调节校准螺丝 1 和 2，使测试装置处在准确位置，确保降水现象仪的激光束处在降水粒子模拟单元透光孔的中心位置，固定螺丝，准备开始测试。

5. 核查

(1)选择设备类型 OTT。

(2)设置被测设备和电机串口号，波特率为 9600。

(3)选择“天气现象”测试模式。

(4)单击“开始测试”按钮，开始测试，如图 3.56 和图 3.57 所示。

测试装置安装位置不准确会提示获取不到稳定数据，海南省 OTT 降水现象仪无可见光，所以无法通过激光束调节装置位置。

OTT 部分不可见光降水现象仪如何调节位置？

由于设备发射端发出的激光束不可见，所以考虑通过间接的方法对设备的位置进行调节。根据设备接收端的激光能量值判断激光束是否被遮挡，步骤如下：

(1)首先假设：激光束发射和接收端正常无遮挡的情况下，接收端的能量值为 P，当其与测试装置挂接后，能量值小于 P，说明此时被遮挡。获取能量值方法：打开串口调试软件，设置好通信参数，发命令 serial 3 cs/r/10 获取能量值，无遮挡情况下，能量值应在 12000 以上。

(2)去掉标尺塞，利用遮挡片，锁定激光束的边界范围(原理：遮挡片遮挡了，激光束的能量

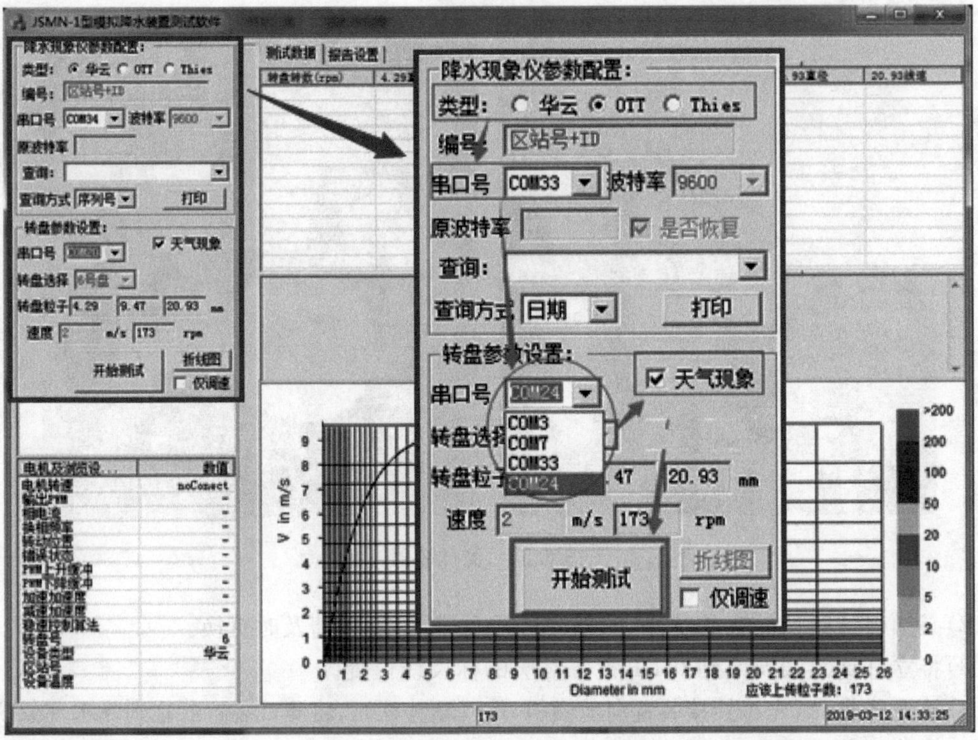

图 3.56　设置被测设备和电机串口号

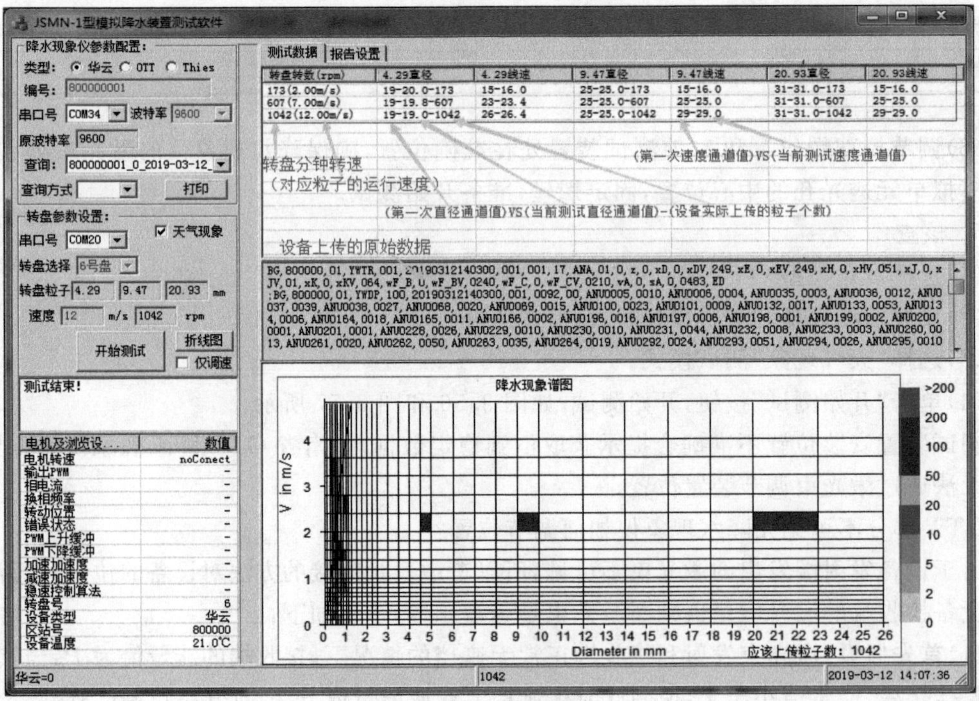

图 3.57　核查结果显示

值就下降），不断调节，最终使设备的不可见激光束处在标尺塞的有效区域中，即设备的摆放位置符合测试要求。

（3）当其与测试装置挂接后，能量值等于 P，说明设备的不可见激光束处在标尺塞的有效区域中，即设备的摆放位置符合测试要求。

测试数据如图 3.58 所示。

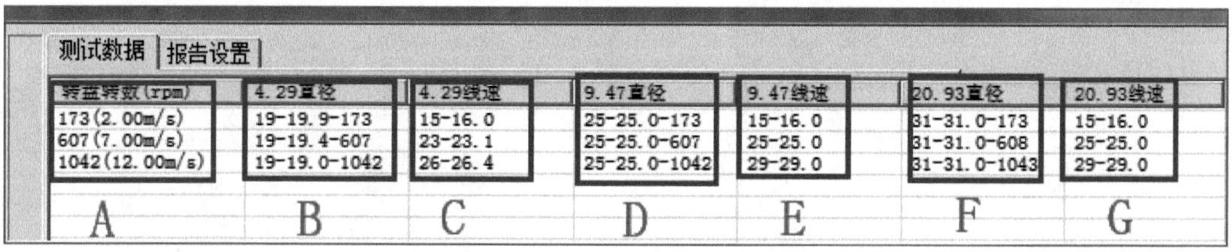

转盘转数(rpm)	4.29直径	4.29线速	9.47直径	9.47线速	20.93直径	20.93线速
173(2.00m/s)	19-19.9-173	15-16.0	25-25.0-173	15-16.0	31-31.0-173	15-16.0
607(7.00m/s)	19-19.4-607	23-23.1	25-25.0-607	25-25.0	31-31.0-608	25-25.0
1042(12.00m/s)	19-19.0-1042	26-26.4	25-25.0-1042	29-29.0	31-31.0-1043	29-29.0
A	B	C	D	E	F	G

图 3.58　测试数据

A 为转盘分钟转速 rpm(对应转盘粒子标记的线速度，单位：m/s)；

B 为 4.29 mm 粒子标记的直径检测结果：

第一次测试时直径通道值－当前测试时直径通道值－分钟粒子个数；

C 为 4.29 mm 粒子标记的速度检测结果：

第一次测试时速度通道值－当前测试时速度通道值；

D、E 为 9.47 mm 粒子标记的直径和速度检测结果；

F、G 为 20.93 mm 粒子标记的直径和速度检测结果。

现场核查时要注意观察测试盘是否洁净、降水现象仪视窗是否洁净、测试装置位置是否摆放正确。正常情况下，3 种粒子的分钟粒子个数和转盘转速是一致的，如发现某粒子转速是转盘转速的 2 倍甚至以上，说明测试装置采集到了多余的粒子，可能原因是测试盘或者降水现象仪视窗污染或测试装置位置不正确阻挡了光路。

第一次测试数据见图 3.59，天气现象类型编码参见表 3.13，第一次测试记录表填写如表 3.14 所示，第二次测试记录填写参见表 3.15。

表 3.13　天气现象编码

ANA 代码	降水天气现象
00	未知类型降水
01	雨
02	阵雨
03	毛毛雨
04	雪
05	阵雪
06	雨夹雪
07	阵性雨夹雪
08	冰雹

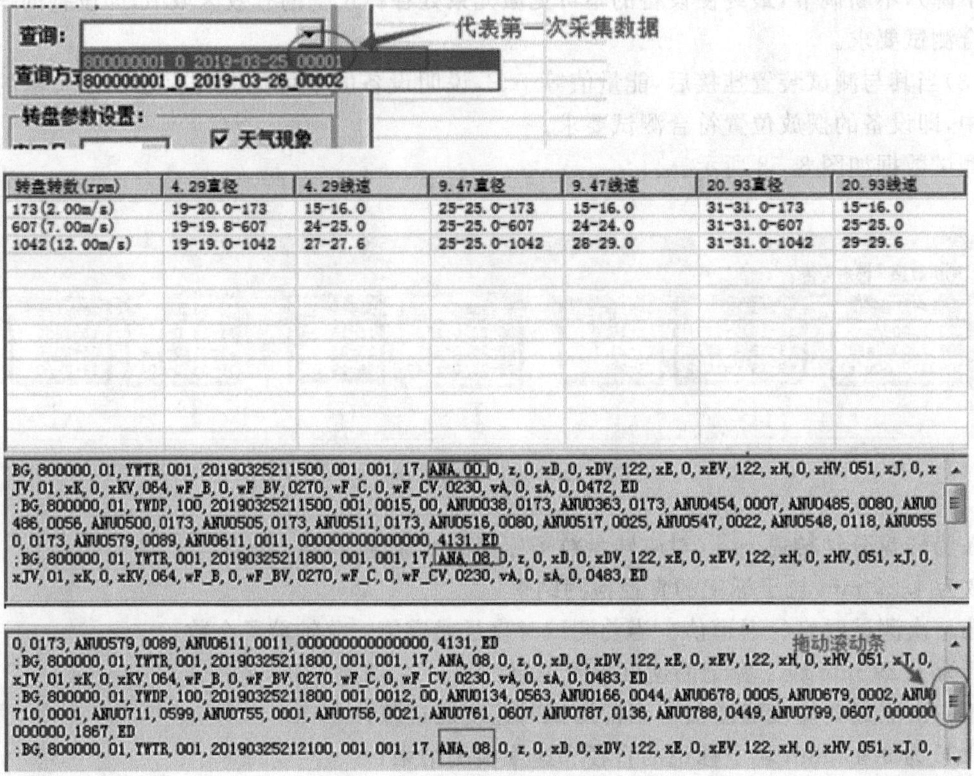

图 3.59　第一次测试数据

表 3.14　第一次测试记录表填写

核查点		粒子直径测试			粒子速度测试			降水现象测试		
粒子直径(mm)	粒子速度(m/s)	粒子直径输出通道(本次)	粒子直径输出通道(第一次)	粒子直径通道误差	粒子速度输出通道(本次)	粒子速度输出通道(第一次)	粒子速度通道误差	降水现象输出(本次)	降水现象输出(第一次)	降水现象输出偏差判别
4.3	2	20	20	0	16	16	0	未知降水类型(00)	未知降水类型(00)	一致
9.5	2	25	25	0	16	16	0	未知降水类型(00)	未知降水类型(00)	一致
21	2	31	31	0	16	16	0	未知降水类型(00)	未知降水类型(00)	一致

注：第一次采集的就是标准值，所以第一次采集的结果，本次和第一次值相同。

降水粒子直径和速度的误差计算公式一致，如下：

$$\Delta D = D - D_0$$

式中，ΔD 为降水粒子直径（速度）误差；D 为被测降水现象仪本次核查直径（速度）通道号；D_0 为被测降水现象仪第一次核查直径（速度）通道号。当 $|\Delta D| \leqslant 2$，即粒子直径和速度的误差均在 2 以内，判定被测降水现象仪通过现场核查测试。

当对降水现象仪进行第一次现场核查时，取本次核查数据作为第一次核查数据，即本次和第一次数据相同，降水粒子直径和速度的误差为 0。

表 3.15　业务台站降水现象仪现场核查记录表

记录编号：20200304

<table>
<tr><td colspan="2">核查环境</td><td colspan="9">气温：25.9 ℃；湿度：72 %；气压：1011.1 hPa</td></tr>
<tr><td colspan="2">核查日期</td><td colspan="5">开始时间：17:10</td><td colspan="4">结束时间：17:40</td></tr>
<tr><td colspan="2" rowspan="2">设备信息</td><td colspan="5">标准设备</td><td colspan="4">被核查器具</td></tr>
<tr><td colspan="5">名称：雨滴谱式降水现象仪模拟降水装置
生产厂：北京中科宇天科技发展有限公司
型号：JSMN-1
编号：JSMN-120031201807ZKYT</td><td colspan="4">器具名称：降水现象仪
生产厂家：江苏省无线电科学研究所有限公司 OTT
型号：WUSH-PW
编号：0020188
区站号：文昌 59856</td></tr>
<tr><td colspan="2">外观检查</td><td colspan="5">☑合格</td><td colspan="4">☐不合格</td></tr>
<tr><td colspan="2">核查点</td><td colspan="3">粒子直径测试</td><td colspan="3">粒子速度测试</td><td colspan="3">降水现象测试</td></tr>
<tr><td>粒子直径(mm)</td><td>粒子速度(m/s)</td><td>粒子直径输出通道(本次)</td><td>粒子直径输出通道(第一次)</td><td>粒子直径通道误差</td><td>粒子速度输出通道(本次)</td><td>粒子速度输出通道(第一次)</td><td>粒子速度通道误差</td><td>降水现象输出(本次)</td><td>降水现象输出(第一次)</td><td>降水现象输出偏差判别</td></tr>
<tr><td>4.3</td><td>2</td><td>18.5</td><td>17</td><td>−1.5</td><td>13.5</td><td>15</td><td>1.5</td><td>冰雹(08)</td><td>冰雹(08)</td><td>一致</td></tr>
<tr><td>9.5</td><td>2</td><td>25.0</td><td>25</td><td>0</td><td>13.0</td><td>12</td><td>−1</td><td>冰雹(08)</td><td>冰雹(08)</td><td>一致</td></tr>
<tr><td>21</td><td>2</td><td>30.0</td><td>31</td><td>1</td><td>13.0</td><td>15</td><td>2</td><td>冰雹(08)</td><td>冰雹(08)</td><td>一致</td></tr>
<tr><td>4.3</td><td>7</td><td>18.3</td><td>17</td><td>−1.3</td><td>22.4</td><td>22</td><td>−0.4</td><td>冰雹(08)</td><td>冰雹(08)</td><td>一致</td></tr>
<tr><td>9.5</td><td>7</td><td>25.0</td><td>24</td><td>−1</td><td>22.0</td><td>21</td><td>−1</td><td>冰雹(08)</td><td>冰雹(08)</td><td>一致</td></tr>
<tr><td>21</td><td>7</td><td>30.0</td><td>30</td><td>0</td><td>22.0</td><td>22</td><td>0</td><td>冰雹(08)</td><td>冰雹(08)</td><td>一致</td></tr>
<tr><td>4.3</td><td>12</td><td>18.0</td><td>17</td><td>−1</td><td>24.0</td><td>25</td><td>1</td><td>冰雹(08)</td><td>冰雹(08)</td><td>一致</td></tr>
<tr><td>9.5</td><td>12</td><td>25.0</td><td>24</td><td>−1</td><td>26.0</td><td>26</td><td>0</td><td>冰雹(08)</td><td>冰雹(08)</td><td>一致</td></tr>
<tr><td>21</td><td>12</td><td>30.0</td><td>30</td><td>0</td><td>26.0</td><td>26</td><td>0</td><td>冰雹(08)</td><td>冰雹(08)</td><td>一致</td></tr>
<tr><td colspan="2">核查结果</td><td colspan="5">☑合格</td><td colspan="4">☐不合格</td></tr>
<tr><td colspan="2">备注</td><td colspan="9"></td></tr>
</table>

核查员：　　　　　　　　　　　　　　　　核验员：

第 4 章 计量比对

本章介绍计量比对相关知识，内容包含了比对的作用、定义以及比对路线、温度比对实施方案和比对报告、气压比对实施方案和比对报告，为进行计量比对提供了经验参考。

4.1 概述

计量比对是保障量值准确一致、支撑计量事中与事后监管和提升计量技术机构能力的有效手段，是实现国际互认和考核实验室能力的有效手段。2020 年，国家市场监督管理总局印发了《市场监管总局关于加强计量比对工作的指导意见》，可见计量比对的重要性。

比对是"在规定条件下，对相同准确度等级或指定不确定度范围的同种测量仪器复现的量值之间比较的过程"。具体是指两个或两个以上实验室，在一定时间范围内，按照预先规定的条件，测量同一个性能稳定的传递标准器，通过分析测量结果的量值，确定量值的一致程度，确定该实验室的测量结果是否在规定的范围内，从而判断该实验室量值传递的准确性的活动。

根据比对所选择的传递标准的特性确定比对路线，可选择环式、星型、花瓣式 3 种。当传递标准稳定性水平高时，可采用环式，稳定性易受环境影响时，为了比对结果的有效性，应选择花瓣式。海南省参加的气压和温度两次比对都是采用花瓣式，见图 4.1。

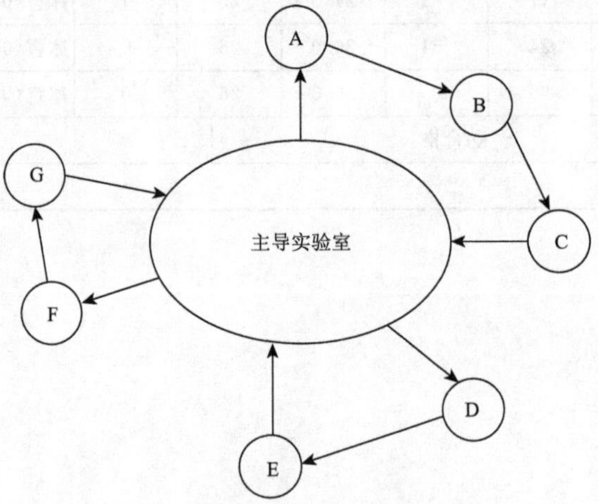

图 4.1　花瓣式比对方案

比对实施方案内容包括任务来源、比对目的、比对范围、主导和参比实验室有效联系方式、传递标准描述、传递路线和比对时间、传递标准运输和使用、比对方法和程序、记录格式和参比实验室报告、参考值和比对结果评价。

4.2　比对案例

海南作为参比实验室参加了全国温度计量比对和大气压力计量比对，附录 A 和附录 C 介绍了比对实施方案，附录 B 和附录 D 是海南参比实验室提交的不确定度分析报告，为计量比对提供了参考。

附录 A　全国气象温度计量比对实施方案

（赵旭　迟晓珠　林冰）

A.1　任务来源

根据中国气象局气象探测中心 2016 年度重点工作任务安排，为监测评估全国气象计量业务质量，组织开展全国气象温度计量比对。

A.2　比对的目的

通过气象温度量值比对，全面提高我国气象计量检定的技术水平和工作质量，加强我国气象事业和科技发展的技术支撑能力。

A.3　比对的范围

本次比对由国家气象计量站作为主导实验室，邀请全国 31 个省（区、市）气象局的计量技术机构作为参比实验室进行气象温度计量比对。

A.4　参加单位及联系方式

表 A.1 给出了参加本次比对的实验室，并给出了传递标准移运的地址、联系人、电话等内容。

表 A.1　参加者信息

编号	参比实验室	联系人	联系电话	电子邮件地址

A.5　比对路线及时间安排的确定

A.5.1　比对路线的确定

本次比对路线采用“花瓣式”的比对方式。

全部参比实验室拟分为 6 组，分别进行比对。每组传递标准经主导实验室测量完后，送到参比实验室 1 进行测量，然后送到参比实验室 2 进行测量，依次类推，直到本组所有参比实验室均完成测量工作，再将传递标准返回主导实验室复校，完成一个比对循环。该方案使用多套传递标准，6 组同时进行比对，可以明显缩短比对周期。

为保证比对数据有效，减少因传递标准损坏导致的无效比对，每组传递标准包含“正样”和“预备”两支仪器，正常情况下以正样仪器的比对数据作为比对结果，当正样仪器损坏时，采用预备仪器的比对数据。各参比实验室应对全部两支传递标准进行比对测试。

A. 5. 2 比对时间的确定

每个参比的实验室应按表 A. 2 的时间完成比对，表中的日期是在每个实验室完成测量并寄出传递标准的日期。各参比实验室应严格遵守表 A. 2 的时间安排比对工作，测量完成后，应立即将传递标准寄给下一实验室（以邮寄日期为准，不得晚于完成时间）。

表 A. 2 比对时间

序号	完成时间	参比实验室					
		A 组	B 组	C 组	D 组	E 组	F 组
1	2016-09-02	国家气象计量站					
2	2016-09-09	新疆	山东	甘肃	重庆	福建	海南
3	2016-09-21	青海	河北	宁夏	四川	浙江	广东
4	2016-09-28	内蒙古	山西	陕西	西藏	江西	广西
5	2016-10-14	黑龙江	天津	河南	云南	江苏	湖南
6	2016-10-21	吉林	北京	安徽	贵州	上海	湖北
7	2016-10-28	辽宁	/	/	/	/	/
8	2016-11-04	国家气象计量站					

A. 6 运输

传递标准的运输采用快递形式（为保证运输速度和安全，推荐采用“顺丰速运次日晨产品”），为保证传递标准在运输交接过程中的安全，应对传递标准进行保价（保价额度总计 600 元）。传递标准的运输费用原则上由各参比实验室自行负责，如有困难，可与主导实验室协商解决。

当参比实验室收到传递后，应立即核对货物清单，检查传递标准是否有损坏，并按表 A. 3 填好交接单。

参比实验室完成测量后，应按指定的运输方式将传递标准及加盖公章后的交接单运输到下一参比实验室，同时通知下一参比实验室和主导实验室，告知运输的详细情况。

参比实验室如果发现传递标准在运输过程中发生任何延误或损坏，应立即通知主导实验室，由主导实验室负责修改比对时间并通知后续参比实验室。

表 A.3 传递标准交接单

经检查,如果没有问题,请在相应方框内打√,否则打×				
1. 交接物品外包装是否完好 □ 2. 传递标准　　共1箱 □ 内容清单: 传递标准:自动气象站铂电阻温度传感器2支; □ (传递标准价格为300元/支×2支) 传递标准交接单:发送方填写2张 □ 传递标准交接单:其他已参比实验室各1张 □ 3. 传递标准外观是否完好 □ 4. 传递标准通电后是否正常工作 □ 5. 交接地点:				
	单位	经办人签字	日期	如有问题请注明
发送方				
接收方				

注:此表一式三份;发送方寄出传递标准时留存一份,随货物发走二份;接收方收到传递标准后存留一份,第三份随货物发到下一站(最终随传递标准寄回主导实验室)。

A.7 传递标准

由主导实验室为每个比对组提供两支自动气象站,用铂电阻温度传感器作为传递标准,该传递标准为Pt100型,量程为－50～80 ℃。

A.8 测量

A.8.1 比对方法

本次比对的测量方法参照《自动气象站铂电阻温度传感器检定规程》(JJG(气象)002—2015)进行。当需要缩小测量重复性引入的不确定度时,参比实验室可自行增加读数次数。

A.8.2 参比设备

参比实验室可自行选择代表本实验室最高计量能力的标准装置参加比对。

A.8.3 比对温度点

本次比对测试的温度点包括:80 ℃、50 ℃、20 ℃、0 ℃、－10 ℃、－30 ℃、－50 ℃。注意,测试时的实际温度偏离名义温度不应超过±0.2 ℃(以各参比实验室温度标准读数为准)。

其中,A组实验室要求参加全部比对温度点;其他各组实验室可以自行决定是否参加－50 ℃温度点的比对。

A.8.4 报告提交时间与方式

参比实验室在完成测量工作后的 10 个工作日内,将盖章后的测量结果寄送主导实验室(以寄出日期为准),同时将测量结果的电子版通过电子邮件提交至主导实验室。在规定时间内没有提交报告的,测量结果在比对总结报告中不予考虑。

测量结果包括:

比对测试的原始数据记录表;

参比实验室为传递标准出具的校准证书(应包含传递标准在各比对温度点上的测量误差及其扩展不确定度($k=2$));

测量结果不确定度分析报告(不确定度评定应按照《测量不确定度评定与表示》(JJF1059.1—2012)进行)。

A.9 比对结果及比对总结报告

比对总结报告由主导实验室完成。

A.9.1 计算测量结果

确定参考值及其测量不确定度的分析,计算参比实验室的测量结果与参考值之差。

A.9.2 评价符合程度

评价参比实验室测量结果与参考值之差及合理的不确定度范围的符合程度,采用归一化偏差(E_n)的方法进行。

$$E_n = \frac{Y_{ji} - Y_{ri}}{k \times u_i} \qquad (A.1)$$

式中,n 代表参与参考值计算的实验室数量;k 为覆盖因子,取 $k=2$;u_i 为第 i 个测量点上 $Y_{ji}-Y_{ri}$ 的标准不确定度。

当 u_{ri}、u_{ji} 与 u_{ei} 相互无关或相关较弱时,有:

$$u_i = \sqrt{u_{ri}^2 + u_{ji}^2 + u_{ei}^2} \qquad (A.2)$$

式中,u_{ri} 为第 i 个测量点上参考值的标准不确定度;u_{ji} 为第 j 个实验室在第 i 个测量点上测量结果的标准不确定度;u_{ei} 为传递标准在 i 个测量点上在比对期间的不稳定性对测量结果的影响。

比对结果一致性评判原则:

$|E_n| \leqslant 1$,参比实验室的测量结果与参考值之差在合理的预期之内,比对结果可接受。

$|E_n| > 1$,参比实验室的测量结果与参考值之差没有达到合理的预期,应分析原因。

A.9.3 比对结果分析

比对结果一般以简明的图表表示,对比对异常结果的原因进行分析。

A.9.4 比对结论

包括对比对结果、分析结论、经验教训及改进建议的总结。

A.9.5 比对总结报告

比对总结报告分为初步报告和最终报告。

A.9.5.1 比对总结报告的内容

a) 传递标准技术状况的描述,包括稳定性和运输性能;

b) 比对概况及说明;

c) 比对数据记录及必要的图表;

d) 比对结果及测量不确定度分析,一般包括参考值及其测量不确定度、参比实验室的测量结果与参考值之差及其测量不确定度,列出详细的计算过程;

e) 参考值。

A.9.5.2 初步报告

当全部比对实验结束后,主导实验室应在 2016 年 11 月 18 日前完成初步报告,向参比实验室公布并征求意见,参比实验室可在 11 月 23 日前向主导实验室提出意见。

A.9.5.3 最终报告

主导实验室参考参比实验室的意见后,于 2016 年 11 月 30 日前完成并向中国气象局气象探测中心提交最终报告。

A.10 比对结果的评价及利用

最终报告由中国气象局气象探测中心审查,并正式通报各参比实验室。

附录B　温度测量结果不确定度分析报告

（崔学林）

B.1　测量过程简述

B.1.1　测量依据

依据中国气象局部门计量检定规程《自动气象站铂电阻温度传感器》(JJG(气象)002—2015)。

B.1.2　测量环境条件

温度为15～30℃，环境湿度为30%～85%。

B.1.3　测量标准及配套设备

标准器：RCY-1A铂电阻数字测温仪；校准设备：WLR-2D液体恒温槽槽；读数设备：34401A数字万用表。

B.1.4　被测对象

Pt100型四线制铂电阻温度传感器2根。

B.1.5　测量方法

将铂电阻数字测温仪和被测传感器放在液体恒温槽中，待液槽温度恒定后，采用比较法分别得到－10 ℃、0 ℃、20 ℃、50 ℃和80 ℃点被测温度传感器的示值误差。标准器读数为数字显示，被检传感器读数由仪器采集，并经电脑读取。

B.2　数学模型

根据检定规程，数学模型为：

$$\Delta T = \overline{T} - (\overline{T_s} + \Delta t) \tag{B.1}$$

式中，ΔT为温度传感器在各温度点的示值误差，单位：℃；$\overline{T}$为温度传感器各温度点上4次测量值平均值，单位：℃；$\overline{T}_s$为标准器在各温度点上4次示值平均值，单位：℃；Δt为标准器在该温度点上修正值，单位：℃。

B.3 方差和灵敏系数

根据方差合成定律，输出量的估计方差是由各输入量的估计方差合成的。

$$u_c^2(y)=\sum_{i=1}^{n}\left[\frac{\partial f}{\partial x_i}\right]^2\times u_c^2(x_i) \tag{B.2}$$

对公式(B.2)各分量求偏导，其中各输入量独立不相关，可得输出量估计方差：

$$u_c^2(\Delta T)=[c_1u(\overline{T})]^2+[c_2u(\overline{T_s})]^2+[c_3u(\Delta t)]^2 \tag{B.3}$$

式中，灵敏系数 c_1,c_2,c_3 分别为：$c_1=\partial\Delta T/\partial\Delta\overline{T}=1$，$c_2=\partial\Delta T/\partial\overline{T_s}=-1$，$c_3=\partial\Delta T/\partial\Delta t=-1$。

B.4 不确定度来源

B.4.1 不确定度 $u(\overline{T})$ 的评定

B.4.1.1 测量重复性引入的标准不确定度 $u(\overline{T_1})$ 的评定

用 A 类方法评定。

将铂电阻数字测温仪和 2 支相对稳定的铂电阻温度传感器放在－10 ℃的恒温槽中，待示值稳定后，在重复性条件下做多次测量，数据如表 B.1 所示。

表 B.1 被测温度传感器 F1 的示值和残差(－10 ℃)

测量次数	测量值(℃)	残差($\Delta V=v_i-\overline{v_i}$)
1	－9.66	－0.002
2	－966	－0.002
3	－9.66	－0.002
4	－9.65	0.008
	$\overline{v_i}=-9.658$	

样本标准差：$s=\sqrt{\dfrac{\sum_{i=1}^{4}(v_i-\overline{v_i})^2}{(n-1)}}=0.005$。

标准不确定度：$u(\overline{T_1})=\dfrac{s}{\sqrt{n}}=0.0025$ ℃。

0 ℃时，测得数据如表 B.2 所示。

表 B.2 被测温度传感器 F1 的示值和残差(0 ℃)

测量次数	测量值(℃)	残差($\Delta V=v_i-\overline{v_i}$)
1	0.30	－0.0125
2	0.32	0.0075
3	0.31	－0.0025
4	0.32	0.0075
	$\overline{v_i}=0.3125$	

样本标准差：$s=\sqrt{\dfrac{\sum\limits_{i=1}^{4}(v_i-\overline{v_i})^2}{(n-1)}}=0.0096$。

标准不确定度：$u(\overline{T_1})=\dfrac{s}{\sqrt{n}}=0.0048$ ℃。

20 ℃时，测得数据如表 B.3 所示。

表 B.3 被测温度传感器 F1 的示值和残差(20 ℃)

测量次数	测量值(℃)	残差($\Delta V=v_i-\overline{v_i}$)
1	20.31	−0.01
2	20.33	0.01
3	20.32	0.00
4	20.32	0.00
	$\overline{v_i}=20.32$	

样本标准差：$s=\sqrt{\dfrac{\sum\limits_{i=1}^{4}(v_i-\overline{v_i})^2}{(n-1)}}=0.0082$。

标准不确定度：$u(\overline{T_1})=\dfrac{s}{\sqrt{n}}=0.0041$℃。

50 ℃时，测得数据如表 B.4 所示。

表 B.4 被测温度传感器 F1 的示值和残差(50 ℃)

测量次数	测量值(℃)	残差($\Delta V=v_i-\overline{v_i}$)
1	50.23	0.00
2	50.24	0.01
3	50.23	0.00
4	50.22	−0.01
	$\overline{v_i}=50.23$	

样本标准差：$s=\sqrt{\dfrac{\sum\limits_{i=1}^{4}(v_i-\overline{v_i})^2}{(n-1)}}=0.0082$。

标准不确定度：$u(\overline{T_1})=\dfrac{s}{\sqrt{n}}=0.0041$ ℃。

80 ℃时，测得数据如表 B.5 所示。

表 B.5 被测温度传感器 F1 的示值和残差(80 ℃)

测量次数	测量值(℃)	残差($\Delta V=v_i-\overline{v_i}$)
1	80.28	0.0025
2	80.27	−0.0075
3	80.28	0.0025
4	80.28	0.0025
	$\overline{v_i}=80.2775$	

样本标准差：$s = \sqrt{\dfrac{\sum_{i=1}^{4}(v_i - \overline{v_i})^2}{(n-1)}} = 0.005$。

标准不确定度：$u(\overline{T_1}) = \dfrac{s}{\sqrt{n}} = 0.0025$ ℃。

同理，计算被测温度传感器 F2 在各温度点的标准不确定度，如表 B.6 所示。

表 B.6 被测温度传感器 F1 和 F2 在各温度点的标准不确定度 单位：℃

温度点(℃)	F1 标准不确定	F2 标准不确定度
−10	0.0025	0.0025
0	0.0048	0.0000
20	0.0041	0.0029
50	0.0041	0.0025
80	0.0025	0.0025

B.4.1.2 被检传感器的读数分辨力引入的标准不确定度 $u(\overline{T_2})$ 的评定

用 B 类方法评定。

被检传感器在−50～80 ℃范围内，分辨力为 0.1 ℃，则不确定度区间半宽为 0.05 ℃，按均匀分布处理，故

$$u(\overline{T_2}) = \frac{0.05}{\sqrt{3}} = 0.029\ ℃$$

B.4.1.3 温度传感器电测仪表(六位半数字万用表)测量电阻引入的不确定度 $u(T_3)$ 的评定

用 B 类方法评定。

在 100 Ω 量程附近，六位半数字表测量电阻的最大允许误差为±0.014 Ω(半宽)，转化为温度：±0.014/0.391＝±0.036 ℃，该误差分布服从均匀分布，即

$$u(T_3) = 0.036/1.732 = 0.021\ ℃$$

由于 $u(\overline{T_1})$ 、$u(\overline{T_2})$ 和 $u(\overline{T_3})$ 互不相关，所以输入量 $\overline{T}$ 的标准不确定度合成是：

−10 ℃时，$u(\overline{T}) = \sqrt{u^2(\overline{T_1}) + u^2(\overline{T_2}) + u^2(\overline{T_3})} = 0.036$ ℃；

0 ℃时，$u(\overline{T}) = \sqrt{u^2(\overline{T_1}) + u^2(\overline{T_2}) + u^2(\overline{T_3})} = 0.036$ ℃；

20 ℃时，$u(\overline{T}) = \sqrt{u^2(\overline{T_1}) + u^2(\overline{T_2}) + u^2(\overline{T_3})} = 0.036$ ℃；

50 ℃时，$u(\overline{T}) = \sqrt{u^2(\overline{T_1}) + u^2(\overline{T_2}) + u^2(\overline{T_3})} = 0.036$ ℃；

80 ℃时，$u(\overline{T}) = \sqrt{u^2(\overline{T_1}) + u^2(\overline{T_2}) + u^2(\overline{T_3})} = 0.036$ ℃。

即−10 ℃、0 ℃、20 ℃、50 ℃和 80 ℃ 5 点测得的分量 $\overline{T}$ 的标准不确定度合成结果是一致的。计算得知被测温度传感器 F1 和 F2 在各温度点的标准不确定度合成结果相同，为 0.036 ℃。

B.4.2 不确定度 $u(\overline{T_s})$ 的评定

输入量 $\overline{T_s}$ 的不确定度来源主要由 3 部分组成：标准器的标准不确定度和恒温槽温场不均

匀及其波动导致的标准不确定度。

B.4.2.1　标准器误差导致的标准不确定度 $u(\overline{T_{s1}})$

采用B类方法评定。

根据标准器的技术指标，标准器在参比条件下的允许误差为±0.05 ℃（标准器在被检量程内的最大允许误差），可作均匀分布，半宽为0.05 ℃，

$$u(\overline{T_{s1}}) = 0.05/\sqrt{3} = 0.029\ ℃$$

B.4.2.2　由恒温槽温场不均匀引入的标准不确定度 $u(\overline{T_{s2}})$

采用B类方法评定。

恒温槽温场最大温差是0.008 ℃，按均匀分布处理，

$$u(\overline{T_{s2}}) = 0.008/\sqrt{3} = 0.0046\ ℃$$

B.4.2.3　由恒温槽波动引入的标准不确定度 $u(\overline{T_{s3}})$

采用B类方法评定。

恒温槽温场稳定性为±0.010 ℃/10min，则不确定度区间半宽为0.010 ℃，按均匀分布处理，

$$u(\overline{T_{s3}}) = 0.010/\sqrt{3} = 0.006\ ℃$$

由于 $u(\overline{T_{s1}})$ 、$u(\overline{T_{s2}})$ 和 $u(\overline{T_{s3}})$ 互不相关，所以输入量 $\overline{T}$ 的标准不确定度合成是：

$$u(\overline{T_s}) = \sqrt{u^2(\overline{T_{s1}}) + u^2(\overline{T_{s2}}) + u^2(\overline{T_{s3}})} = \sqrt{0.029^2 + 0.0046^2 + 0.006^2} = 0.030\ ℃$$

B.4.3　不确定度 $u(\Delta t)$ 的评定

由修正值引入的标准不确定度 $u(\Delta t)$，采用B类方法进行评定。

由RCY-1A铂电阻数字温度计检定证书可知，其检定结果的扩展不确定度 $U_{95}=0.03$ ℃，包含因子 $k_p=2$。所以，$u(\Delta t)=0.03/2=0.015$ ℃。

B.5　合成标准不确定度

以上各项标准不确定度分量是互不相关的，所以其合成标准不确定度为：

$$u_c(\Delta T) = \sqrt{|c_1|^2 u^2(\overline{T}) + |c_2|^2 u^2(\overline{T_s}) + |c_3|^2 u^2(\Delta t)} = 0.0492\ ℃$$

B.6　扩展不确定度

扩展不确定度 $U=ku_c(\Delta \mathrm{T})=2\times 0.0492=0.099$ ℃。

B.7　测量不确定度报告

在室温条件下，用RCY-1A铂电阻数字测温仪检定铂电阻温度传感器，在−10 ℃、0 ℃、20 ℃、50 ℃和80 ℃时示值误差结果的测量不确定度一致，均为 $U=0.099$ ℃，包含因子 $k=2$。

附录 C　大气压力计量比对实施方案

C.1　任务来源

2018 年大气压力计量比对项目由国家质量监督检验检疫总局(现名称为国家市场监督管理总局)质检量函〔2017〕42 号《质检总局计量司关于做好计量比对工作有关事项的通知》确认立项,全国气象专用计量器具计量技术委员会气象压力分技术委员会组织实施,国家气象计量站作为主导实验室。

全国气象专用计量器具计量技术委员会气象压力分技术委员会

关于开展大气压力计量比对的通知

2018 年大气压力计量比对项目由国家质量监督检验检疫总局质检量函[2017]42 号《质检总局计量司关于做好计量比对工作有关事项的通知》确认立项，全国气象专用计量器具计量技术委员会气象压力分技术专委员会组织实施，国家气象计量站作为主导实验室。

计量比对的目的是考查我国气象部门计量标准、环境、人员、检测方法、数据处理和管理水平等综合能力；提高我国大气压力计量检定的技术水平和工作质量，加强我国气象事业和科技发展的技术支撑能力；同时也为实验室认证、认可和考核评审提供有效技术证明。

此次计量比对计划邀请部分省级气象计量机构和相关计量技术机构作为参比实验室参加。

特此通知。

附件：2018 年大气压力计量比对实施方案

联 系 人：于贺军　孔诗媛

联系电话：13501092416　13039010124

国家气象计量站（代章）

2018 年 11 月 23 日

C.2 比对目的

大气压力计量比对，旨在考查我国气象部门计量标准、环境、人员、检测方法、数据处理和管理水平等综合能力；分析了解我国气象部门、质量技术监督部门和国防系统大气压力量值传递的联系；提高我国大气压力计量检定的技术水平和工作质量，加强我国气象事业和科技发展的技术支撑能力；同时也为实验室认证、认可和考核评审提供有效技术证明。

C.3 组织形式

本次大气压力比对由主导实验室——国家气象计量站负责组织实施，主导实验室设工作组和专家组。

工作组成员：于贺军　丁红英　孔诗媛　李松奎；

专家组成员：贺晓雷　李建英　杨云。

C.4 比对的范围

参比实验室由部分省市气象局计量技术结构、部队等相关实验室组成。

主导实验室和参比实验室汇总如表 C.1 所示。

表 C.1　主导实验室和参比实验室汇总

主导实验室		国家气象计量站	北京市昌平区振兴路 2 号气象科技园 2 号楼
参比实验室	1	江苏省气象仪器计量站	江苏省南京市北极阁 2 号
	2	湖北省气象计量检定站	湖北省武汉市洪山区东湖东路 3 号
	3	江西省气象计量所	江西省南昌市高新区艾溪湖二路 323 号
	4	黑龙江省气象数据中心	黑龙江省哈尔滨市香坊区电碳路 71 号
	5	吉林省气象探测保障中心	吉林省长春市绿园区绥中路 176 号
	6	青海省气象环境专业计量站	青海省西宁市中华巷 2 号
	7	广东省气象计量检定所	广东省广州市越秀区福今路 6 号
	8	山东省气象局大气探测技术保障中心	山东省济南市无影山路 12 号
	9	广西壮族自治区气象计量所	广西区南宁市新竹路 30 号
	10	云南省气象计量检定所	云南省昆明市西昌路 77 号
	11	航空工业北京长城计量测试技术研究所	北京市海淀区温泉镇环山村
	12	海南省气象计量站	海南省海口市海府路 60 号
	13	贵州省气象专业计量站	贵州省贵阳市观山湖区兴筑西路 1 号气象综合大楼

C.5 比对方式

综合考虑质量、效率和风险，本次比对计划采用“花瓣”式比对方式。

首先传递标准在主导实验室进行测量。按就近原则，由 2～3 个参比实验室组成小组比对环路，传递标准在小组比对环路中依次进行测量。小组比对结束后传递标准送主导实验室进行测量。然后再进行下一个小组比对环路的测量。如此往复，直至比对结束。

C.6 比对的参数

大气压力：500～1100 hPa（绝对压力）。

C.7 传递标准

传递标准由主导实验室提供。

为保证比对工作的顺利开展，传递标准采用一主一副双机备份。选用 745-16B 型和 PTB330 数字式压力计各一台，分别作为主传递标准和副传递标准，主副传递标准同时传递，同时测量（表 C.2）。

表 C.2 传递标准参数

	主传递标准	副传递标准
名称	数字式气压计	数字式气压计
型号	745-16B	PTB330
编号	143282	P2210387
制造厂商	PAROSCIENTIFIC,INC	Vaisala Oyj
测量范围	500～1100 hPa	500～1100 hPa
分辨力	0.01 hPa	0.01 hPa
最大允许误差	±0.10 hPa	±0.30 hPa
年稳定性	±0.10 hPa	±0.30 hPa
工作电压	(6～25)V DC	(10～36)V DC
RS-232 通信格式	9600 波特率，8 位数据位，1 位停止位，无校验位，无握手信号	4800 波特率，7 位数据位，1 位停止位，偶校验，无握手信号
RS-232 读数指令	*0100P3 \r\n	SEND \r\n

C.8 传递标准运输和交接

传递标准的运输、交接和循环由主导实验室负责。

传递标准应包装牢固，采取适当的防震、防潮措施。

传递标准采用快递（推荐顺丰）、邮寄或指派专人携带等运输方式。费用可由主导实验室承担。

参比实验室接到传递标准后，应立即开箱清点，仪器设备通电检查，并如实填写传递标准交接单（表C.3）。如果传递标准在运输过程中发现出现意外，请及时通知主导实验室，延误时间不得超过1周。

参比实验室完成测量后，按约定的运输方式将传递标准及加盖公章后的交接单运输至下一实验室，同时通知主导实验室。

如果传递标准在运输过程中发生任何延误，由主导实验室负责通知下一个参比实验室，必要时可修改日程表。

表C.3 传递标准交接单

<table>
<tr><td colspan="2">日期：</td><td colspan="2">接收方式：</td><td>接收地点：</td></tr>
<tr><td>外包装</td><td colspan="4">外包装是否完好 是□ 否□</td></tr>
<tr><td rowspan="3">成套性</td><td colspan="4">主传递标准型号： 主传递标准器编号：
电源适配器： 有□ 无□</td></tr>
<tr><td colspan="4">副传递标准型号： 副传递标准器编号：
电源适配器： 有□ 无□</td></tr>
<tr><td colspan="4">零配件：三通1个，直通转换头1个，接头1个，橡胶管3根
是否齐全： 是□ 否□</td></tr>
<tr><td rowspan="3">功能检查</td><td colspan="4">通电检查： 是□ 否□</td></tr>
<tr><td colspan="4">主标准器功能是否正常： 是□ 否□
异常情况说明：</td></tr>
<tr><td colspan="4">副标准器功能是否正常： 是□ 否□
异常情况说明：</td></tr>
<tr><td></td><td>名称</td><td>经办人签字</td><td>日期</td><td>有问题请注明</td></tr>
<tr><td>交送方</td><td></td><td></td><td></td><td></td></tr>
<tr><td>接收方</td><td></td><td></td><td></td><td></td></tr>
</table>

注：此表一式三份，接收方和发送方各存留一份，另一份随货物发到下一站。

C.9 比对实验

参比实验室按本实施方案完成比对实验，全部实验时间一般不超过两天。

重要说明：参比实验室不允许对主副传递标准内部任何设置和参数进行任何修改。

C.9.1　测量对象

主副传递标准。

C.9.2　传压介质

洁净、干燥的空气或氮气。

C.9.3　环境要求

环境温度：(20±2)℃；

环境湿度：不大于80%；

附近无热源，无明显振动。

主导实验提供一台温湿压记录仪作为环境监测设备。

C.9.4　必需设备

C.9.4.1　压力发生和控制设备

性能要求：

有效控制范围：500～1100 hPa(绝对压力)；

控制偏差：<0.5 hPa；

波动度：±0.10 hPa(漏气率<0.5 hPa/min条件下，30 min内)；

平均调压速率：1～40 hPa/min(以1 hPa/min为步长连续可调)；

建立时间：<90 s(40 hPa/min平均调压速率条件下)；

稳定时间：10～10000 s(以1s为步长连续可调)；

超调：不超过0.1 hPa(平均调压速率<6 hPa/min条件下)；不超过0.3 hPa(平均调压速率为6～40 hPa/min条件下)。

C.9.4.2　气压测量设备(参比实验室工作标准)

测量范围：500～1100 hPa，分辨力0.01 hPa，绝压型数字气压计或活塞压力计。推荐最大允许误差±0.10 hPa。

若使用745系列数字气压计作为气压测量设备，其内部采样时间间隔不得小于1 s。

C.9.5　测量前的准备

C.9.5.1　工作标准、传递标准

在实验室工作环境中开机，通大气，静置12 h以上。

工作标准与传递标准压力传感器参考面应在同一水平面上。否则，应考虑进行气头高度修正。

工作介质为洁净、干燥空气或氮气。

C.9.5.2　按图C.1连接气路

C.9.5.3　气密性检查

各个压力接头、管路应连接牢固可靠，在500 hPa时的漏气率应不大于0.3 hPa/min。否

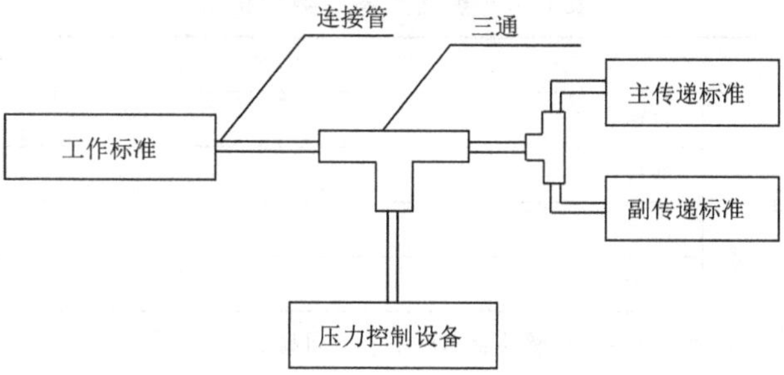

图 C.1 气路连接示意图

则，应重新检查气密性。

C.9.5.4 预压

进行比对前，应先进行 2 个压力循环的预压试验，即升压至 1100 hPa 点，再降压至 500 hPa点，如此往复两次。升压和降压应平稳，避免有冲击和过压现象。

C.9.6 测量点和压力循环次数

在测量范围内，每隔 100 hPa 为一个压力测试点，从低(高)压到高(低)压，再从高(低)压到低(高)压为 1 个压力循环。共进行 1 个压力循环的测试，压力点分别为 500 hPa、600 hPa、700 hPa、800 hPa、900 hPa、1000 hPa、1100 hPa、1100 hPa、1000 hPa、900 hPa、800 hPa、700 hPa、600 hPa、500 hPa。

压力稳定后，分别记录工作标准和传递标准读数，每个压力点重复测量(读数)10 次。原始数据记录格式见表 C.4。

共进行 14 个压力点的测试。在压力行程变化的端点处调高或调低 2 hPa，然后再控制到端点。

C.9.7 数据处理

按式(C.1)计算工作标准和传递标准升程和降程各个压力点上读数算数平均值。

$$\bar{p} = \frac{\sum_{i=1}^{n} p_i}{n} \tag{C.1}$$

式中，$\bar{p}$ 表示压力读数平均值；n 代表测量次数；p_i 表示第 i 次测量的压力读数。

C.10 参比实验室测量结果报告时间和方式

参比实验室在完成比对实验工作后 15 d 内，将盖章后的纸质测量结果报告和电子版文档一并提交主导实验室。在规定时间内未报告测量结果的，按未参加本次计量比对处理。

测量结果包括：

数字压力计原始数据记录表(表 C.4)；参比实验室比对结果(表 C.5)；测量结果不确定度评定报告。参比实验室按《测量不确定度评定与表示》(JJF 1059.1—2012)给出各压力点测量结果的测量不确定度(k=2)。

表 C.4　参比实验室数据记录

参比实验室名称：		实验日期：
参比实验室工作标准器	名称：	
	型号：	
	编号：	
	技术指标：	

工作标准气压传感器感压面与传递标准气压传感器感压面垂直方向高度差：　　　　mm

工作标准气压传感器感压面高于传递标准气压传感器感压面为正。

系统查漏： (1min 平均漏气率)	查漏开始时刻：	开始时的压力：
	查漏结束时刻：	结束时的压力：

压力点	序号	时刻 hh:mm:ss	工作标准 读数(hPa)	主传递标准 读数(hPa)	副传递标准 读数(hPa)	环境温度 (℃)
500	1					
	2					
	3					
	4					
	5					
	6					
	7					
	8					
	9					
	10					
600	1					
	2					
	3					
	4					
	5					
	6					
	7					
	8					
	9					
	10					
下一个压力点(略)	1					
	2					
	3					
	4					
	5					
	6					
	7					
	8					
	9					
	10					

检定员：　　　　　　核验员：　　　　　　单位公章：

表 C.5 参比实验室比对结果 单位：hPa

序号	压力点	参比实验室工作标准器测量值 $\overline{p}_{di}$	主传递标准(745-16B 143282)			副传递标准(PTB330 P2210387)		
			测量值 $\overline{p}_{si}$	误差平均值	扩展不确定度 (k=2)	测量值 $\overline{p}_{si}$	误差平均值	扩展不确定度 (k=2)
1	500							
2	600							
3	700							
4	800							
5	900							
6	1000							
7	1100							
8	1100							
9	1000							
10	900							
11	800							
12	700							
13	600							
14	500							

参比实验室名称： 盖章： 日期：

C.11 比对结果及比对总结报告

C.11.1 确定参考值

本次计量比对参考值由主导实验室确定。理由如下：

首先，主导实验室所用的气体活塞压力计 PG7601(编号 787)是目前气象部门的最高建标计量标准(计量标准考核证书号：〔2015〕国量标气象证字第 011 号)，测量范围为 90～3500 hPa，不确定度 0.003%×读数+0.3 Pa(k=2)(绝压)。

该大气压力标准建立以来，一直维护良好，工作稳定可靠，活塞、砝码和外部真空计按时送中国计量科学研究院与上级计量标准进行周期检定或校准。检定(校准)结果得到确认。

另外，PG7601 型气体活塞压力计与主导实验室 0.005 级气体活塞计 Ruska 2465(计量标准考核证书号：〔1994〕国量标气象证字第 008 号）按期进行期间核查，末次核实时间为 2018 年 10 月，核查结果满意。

C.11.2 测量不确定度评价

评价参比实验室测量结果与参考值之差及合理的不确定度范围的符合程度，采用归一化偏差(E_n)的方法进行。

$$E_n=\frac{Y_{ji}-Y_{ri}}{k\times u_i} \tag{C.2}$$

式中，k 为覆盖因子，取 $k=2$；u_i 为第 i 个测量点上 $Y_{ji}-Y_{ri}$ 的标准不确定度。

当 u_{ri}、u_{ji} 与 u_{ei} 相互无关或相关较弱时，有：

$$u_i=\sqrt{u_{ri}^2+u_{ji}^2+u_{ei}^2} \tag{C.3}$$

式中，u_{ri} 为第 i 个测量点上参考值的标准不确定度；u_{ji} 为第 j 个实验室在第 i 个测量点上测量结果的标准不确定度；u_{ei} 为传递标准在 i 个测量点上在比对期间的不稳定性对测量结果的影响。

比对结果一致性评判原则：

$|E_n|\leqslant 1$，参比实验室的测量结果与参考值之差在合理的预期之内，比对结果可接受。

$|E_n|>1$，参比实验室的测量结果与参考值之差没有达到合理的预期，应分析原因。

C.11.3　比对结果分析、评价和利用

比对结果以简明的图表表示，对比对异常结果的原因进行分析。

全部比对实验结束后，主导实验室应在规定时间内完成初步报告，向参比实验室公布并征求意见，参比实验室也可在规定的日期内向主导实验室提出意见。

主导实验室参考参比实验室的意见，15 d 内完成最终报告。

最终报告由主导实验室召开会议审查。召集参比实验室关键人员进行比对技术评价，正式通报比对结果，形成会议纪要。

比对工作全部完成后，主导实验室应将所有的比对资料备案。并将比对结果上报国家市场监督管理总局计量司。

附录D 气压测量结果不确定度分析报告

（崔学林）

D.1 测量过程简述

D.1.1 测量依据

《2018年大气压力计量比对实施方案》和《数字式气压计计量检定规程》(JJG 1084—2013)。

D.1.2 测量环境条件

温度:(20±2)℃,环境湿度:30%～75%。

D.1.3 测量标准及配套设备

标准器:745-16B数字式气压计,最大允许误差:±0.10 hPa。

压力控制设备:美国Mensor CPC6000,有效控压范围:500～1100 hPa。

D.1.4 被测对象

选用745-16B型和PTB330数字式压力计各一台,分别作为主传递标准和副传递标准,主、副传递标准同时测量。

D.1.5 测量方法

按照《2018年大气压力计量比对实施方案》中的气路连接图,将主副标准、工作标准和压力控制设备连接在一起,做好测量前的准备工作。压力点分别为500 hPa、600 hPa、700 hPa、800 hPa、900 hPa、1000 hPa、1100 hPa、1100 hPa、1000 hPa、900 hPa、800 hPa、700 hPa、600 hPa、500 hPa。从低压到高压,再从高压到低压,共进行1个压力循环的测试,压力稳定后,分别记录工作标准和传递标准读数,每个压力点重复测量(读数)10次。

D.2 数学模型

根据检定规程,数学模型为:

$$\Delta P = \overline{P_{X}} - \overline{P_{N}} \tag{D.1}$$

式中，ΔP 为被检数字气压传感器示值误差，单位：hPa；$\overline{P_X}$ 为被检数字气压传感器示值平均值，单位：hPa；$\overline{P_N}$ 为标准数字气压计的示值平均值，单位：hPa。

D.3 方差和灵敏系数

根据方差合成定律，输出量的估计方差是由各输入量的估计方差合成的。

$$u_c^2(y)=\sum_{i=1}^{n}\left[\frac{\partial f}{\partial x_i}\right]^2\times u_c^2(x_i) \tag{D.2}$$

对公式(D.2)各分量求偏导，其中各输入量独立不相关，可得输出量估计方差：

$$u_c^2(\Delta P)=[c_1u(\overline{P_X})]^2+[c_2u(\overline{P_N})]^2 \tag{D.3}$$

式中，灵敏系数 c_1、c_2 分别为：

$$c_1=\partial\Delta P/\partial\,\overline{P_X}=1;c_2=\partial\Delta P/\partial\,\overline{P_N}=-1$$

则公式(D.3)变为：

$$u_c^2(\Delta P)=u(\overline{P_X})^2+u(\overline{P_N})^2 \tag{D.4}$$

D.4 采用 A/B 类评定方法计算引入各分量的标准不确定度

D.4.1 不确定度 $u(\overline{P_X})$ 的评定

D.4.1.1 测量重复性引入的标准不确定度 $u(\overline{P_{X1}})$ 的评定

用 A 类方法进行评定。

以压力点 500 hPa 为例，主传递标准和副传递标准 10 次读数如表 D.1 所示。

表 D.1 主传递标准和副传递标准 10 次读数(500 hPa)

次数	主传递标准读数(hPa)	副传递标准读数(hPa)
1	500.13	500.22
2	500.12	500.22
3	500.13	500.21
4	500.12	500.21
5	500.12	500.21
6	500.13	500.21
7	500.13	500.21
8	500.13	500.21
9	500.13	500.21
10	500.13	500.21

样本标准差：

$$s=\sqrt{\frac{\sum_{i=1}^{4}(v_i-\overline{v_i})^2}{(n-1)}}$$

标准不确定度：　$$u(\overline{P_{X1}})=\frac{s}{\sqrt{n}}$$

按上述公式计算得到主传递标准重复性测量引入的不确定度为 0.0015，副传递标准重复性测量引入的不确定度为 0.0013。

同理，计算各压力点重复性测量引入的不确定度如表 D.2 所示：

表 D.2　重复性测量引入的不确定度

压力点	主传递标准(hPa)	副传递标准(hPa)
500	0.0015	0.0013
600	0	0.0016
700	0	0
800	0	0.0013
900	0.0016	0
1000	0.0013	0.0016
1100	0	0.0013
1100	0	0
1000	0	0
900	0	0
800	0	0
700	0	0
600	0	0.0016
500	0.0016	0

D.4.1.2　被检传感器的读数分辨力引入的标准不确定度 $u(\overline{P_{X2}})$ 的评定

用 *B* 类方法评定。

主传递标准和副传递标准的分辨力均为 0.01 hPa，则不确定度区间半宽为 0.005 hPa，按均匀分布处理，取包含因子 $k=\sqrt{3}$，故，

$$u(\overline{P_{X2}})=\frac{0.005}{\sqrt{3}}=0.0029\ \text{hPa}$$

由表 D.2 可知，重复性引入的不确定度分量均小于被检仪器的分辨力引入的不确定度分量，用分辨力引入的不确定度分量代替重复性分量，所以 *A* 类不确定度评定结果为

$$u(\overline{P_X})=0.0029\ \text{hPa}$$

D.4.2　不确定度 $u(\overline{P_N})$ 的评定

输入量 $u(\overline{P_N})$ 的不确定度来源主要由两部分组成：标准器的标准不确定度和压力控制设备 CPC6000 控制稳定性引入的标准不确定度。

D.4.2.1　标准器误差导致的标准不确定度 $u(\overline{P_{N1}})$

采用 *B* 类方法评定。

根据标准器的技术指标，标准器在被检量程内的最大允许误差±0.10 hPa，可作均匀分

布，取包含因子 $k=\sqrt{3}$，区间半宽为 0.10 hPa，则由标准器引起的标准不确定度为

$$u(\overline{P_{N1}}) = 0.10/\sqrt{3} = 0.058\ \text{hPa}$$

D.4.2.2 由 CPC6000 控制稳定性引入的标准不确定度

考虑到在检定点的稳定过程中，通常采用所谓的“补气”方法，即随时调整调压器，使标准器的示值保持不变，可以抵消漏气的影响。在进行 A 类标准不确定度的检定时，在检定点的稳定时间内 CPC6000 调压器不断调整使压力值稳定不变。因此，气源漏气在 B 类不确定度分量中，不再计入。

$$u(\overline{P_N}) = 0.058\ \text{hPa}$$

D.5 合成标准不确定度

以上各项标准不确定度分量是互不相关的，所以其合成标准不确定度为：

$$u_c(\Delta P) = \sqrt{u(\overline{P_X})^2 + u(\overline{P_N})^2} = \sqrt{0.0029^2 + 0.058^2} \approx 0.058\ \text{hPa}$$

D.6 扩展不确定度

扩展不确定度 $U = ku_c(\Delta P) = 2 \times 0.058 \approx 0.12$ hPa。

D.7 测量不确定度报告

在规定的环境条件下，主标准器和副标准器，在 500 hPa、600 hPa、700 hPa、800 hPa、900 hPa、1000 hPa、1100 hPa、1100 hPa、1000 hPa、900 hPa、800 hPa、700 hPa、600 hPa、500 hPa 14 个压力点的示值误差结果的测量不确定度一致，均为 $U=0.12$ hPa，包含因子 $k=2$。